甘肃天祝白牦牛
（杜古拉 摄）

天祝白牦牛犊
（杜古拉 摄）

天祝白牦牛群

U0298200

1

四川九龙牦牛
（钟光辉 摄）

九龙牦牛杂交后代
（钟光辉 摄）

放牧的
牦牛群

牦牛自然交配

牦牛人工采精

3

带犊母牦牛

正在挤奶的牦牛

牦牛群栓系管理

青海大通牛场
种公牦牛舍

冷季育肥牛舍

人工种植的备冬牧草

5

育肥牦牛胴体

牦牛胴体分割部位

牦牛杂交改良用的奶用型普通牛种—荷斯坦公牛

牦牛杂交改良用的兼用型普通牛种—西门塔尔公牛

牦牛杂交改良用的肉用型普通牛种——安格斯公牛

海福特公牛
（肉用型）

高地牛（肉用型）

牦 牛 生 产 技 术

张容昶 胡 江 编 著

金盾出版社

内 容 提 要

本书由第一届国际牦牛研究学术讨论会主席、国际牦牛研究信息中心主任、甘肃农业大学张容昶教授等编著。内容包括青藏高原的牦牛生产,牦牛的地方类群,繁殖特性及人工授精技术,牦牛的本种选育及种间杂交技术,牦牛的饲牧管理及饲草料加工,牦牛肉、奶的初步加工,牦牛常见病的防治等11章。内容丰富、新颖、科学、实用,对加快发展青藏高原牦牛生产的产业化、由数量型向质量效益型转变及牦牛产品开发,定会有所帮助。本书适合牦牛及草原肉牛养殖企业、牧户、部队农牧场的生产人员、动物科学技术及动物医学专业师生及科技人员、各级农牧部门公务员参阅。

图书在版编目(CIP)数据

牦牛生产技术/张容昶,胡江编著 .—北京：金盾出版社,
2002.9

ISBN 7-5082-2000-5

Ⅰ.牦… Ⅱ.①张…②胡… Ⅲ.①牦牛-饲养管理②牦牛-综合利用 Ⅳ.S823.8

中国版本图书馆 CIP 数据核字(2002)第 042477 号

金盾出版社出版、总发行

北京太平路 5 号(地铁万寿路站往南)

邮政编码:100036 电话:68214039 68218137

传真:68276683 电挂:0234

彩色印刷:国防工业出版社印刷厂

黑白印刷:北京 3209 工厂

各地新华书店经销

开本:787×1092 1/32 印张:8 彩页:8 字数:170 千字

2002 年 9 月第 1 版第 1 次印刷

印数:1—8000 册 定价:9.00 元

(凡购买金盾出版社的图书,如有缺页、
倒页、脱页者,本社发行部负责调换)

前　言

牦牛(藏语称雅克,yak)是以青藏高原为起源地的特产家畜和宝贵的畜牧资源,也是"世界屋脊"的景观牛种。

我国是世界上繁育牦牛历史悠久、拥有头数最多的国家,现有牦牛 1377.4 万头,占世界牦牛总头数的 90%以上。主要分布在青海、西藏、四川、甘肃、新疆和云南等省、自治区的210 个县(市)。牦牛是生活在青藏高原的先民,特别是藏族人民长期改造自然的产物,在其他家畜难以生活和利用的海拔3 000 米以上的青藏高原上,牦牛能正常生活、繁殖和生产营养丰富、无污染的肉、乳及其制品,以及牛绒、毛、皮等工业原料,在西部大开发中具有很大的发展潜力。

牦牛是古老的牛种,而牦牛科学却是一门年轻的学科。由于青藏高原生态、社会及历史条件等的局限,牦牛生产长期处于靠天养畜的落后状态。中华人民共和国成立后,特别是近二十年来,各族牧民群众和畜牧科技工作者,不畏艰苦的高寒、少氧生态环境,用汗水、心血去耕耘和顽强工作,开展科学研究,积极发展牦牛生产,将我国的牦牛生产和科研推向世界领先地位。从这个意义上讲,呈现在读者面前的这本书,是各族朋友们共同用汗水滋润而成的,笔者只不过是汇我友声,略加整理和综述。

在编写过程中,承蒙甘肃农业大学图书馆、天祝白牦牛育种实验场、西藏当雄牦牛研究中心王敏强博士、柏家林博士、闫萍博士、杨博辉博士、田永强博士等的帮助和关怀,谨此一并衷心致谢!

由于编著者水平有限,错误及稚浅之见在所难免,恳请读者批评指正。

张容昶

2002.7.1 兰州

目 录

第一章 青藏高原的牦牛生产

一、中国牦牛的产区及数量

牦牛(*Bos grunniens*)是以中国青藏高原为起源地的特产家畜,是"世界屋脊"的景观牛种,也是青藏高原畜牧业的支柱。青藏高原是适宜发展牦牛生产的一块得天独厚的宝地,天然牧草或自然资源极其丰富,是广阔无垠未受污染和破坏的一块处女地。野牦牛在距今 200 万年前就出现在青藏高原上。生活在青藏高原的先民,特别是藏族人民,将野牦牛驯化成家畜后,成为当地主要的生产、生活资料。在海拔 3 000 米以上的高寒、少氧生态条件下,在其他家畜难以生存或利用的高山草原上,牦牛为人们提供着营养丰富的肉、乳及其制品和绒、毛、皮等工业原料,它也是高原上驮运、骑乘的役畜,有"高原之舟"的美誉。

牦牛的世界通用名为 yak(雅克),是藏语的音译。因其叫声似猪,尾形似马尾,故又称为猪声牛或马尾牛。中国是繁育牦牛历史悠久、拥有牦牛数量最多的国家,现有牦牛 1 377.4 万头,占世界牦牛总头数的 90%以上。牦牛分布于我国的 210 个县(市),约占我国牛只总头数的 11%。我国有天然草原 3.94 亿公顷(中国农业部,1990),其中可供牦牛利用的高山草原面积 1.03 亿公顷,占全国天然草原面积的 26.1%,发展牦牛生产的天然草原资源潜力很大。

由于青藏高原生态及社会、历史条件等的局限,牦牛生产长期处于靠天养畜的落后状态。中华人民共和国成立后,特别是近二十年来,各族牧民群众和畜牧工作者,积极发展牦牛生产,开展科学研究,进行牦牛的本种选育和种间杂交,改良和合理利用草原,推广现代畜牧技术,从而使牦牛的生产性能、商品率及经济效益不断提高,使青藏高原的牦牛生产跨入一个新的发展阶段。1994 年 8 月受联合国粮农组织(FAO)的委托,在甘肃农业大学召开了首届国际牦牛研究学术讨论会;1997 年在青海省西宁市、2000 年在西藏自治区拉萨市召开了第二届和第三届国际牦牛研究学术讨论会。这三次会议说明,我国的牦牛生产和科研居世界领先地位。

我国牦牛分布于青海省、西藏自治区、四川省、甘肃省、新疆维吾尔自治区和云南省。此外,在北京(灵山)、河北(围场)及内蒙古自治区西部等地也有少量分布。

(一)青 海 省

牦牛是青海省牧区各族牧民的主要生产、生活资料,也是我国繁育牦牛最多的省,有牦牛 478 万头,约占全省牛只总头数的 95%。其中:玉树藏族自治州数量最多,占全省牛只总数的 34.37%;果洛藏族自治州占 25.65%;海南藏族自治州占 11.46%;黄南藏族自治州占 10.39%;海北藏族自治州占 9.09%;海西蒙古族藏族自治州占 4.02%;其余地区及各国营农牧场占 5.02%。

青海省是我国五大牧区之一,地处青藏高原东北部,面积 72 万多平方公里,其中草原面积占 56.13%。境内海拔 2 500～4 500 米,最高点 7 720 米。牦牛分布较密的青南高原(青海省南部),主要由昆仑山脉及其支脉可可西里、巴颜喀拉山、布尔汗布达山及唐古拉山等组成。青南高原中、西部是黄河、长江的源头地区。

青海牧区大部分地区10月份至翌年4月份的月均气温在0℃以下。1月份最低，$-5.5℃\sim-18.2℃$（极端低温$-19.8℃\sim-41.8℃$）；7月份最高，$5.4℃\sim20.2℃$（极端高温为$19.5℃\sim35.5℃$）。牧区年降水量200～400毫米，青南高原东部为青海省降水量最多的地区，年降水量557～774毫米。

（二）西藏自治区

　　西藏自治区有牦牛395万头（仅次于青海省，居全国第二位），约占全区牛只总头数的81％。其中：那曲地区数量最多，占全区牦牛总头数的36.4％；昌都地区占26.3％；日喀则地区占13.4％；拉萨市（包括自治区农牧部门）占13％；山南地区占7.6％；阿里地区占3.3％。

　　西藏自治区地处"世界屋脊"——青藏高原西南部，面积120多万平方公里，可供牦牛利用的草原面积3 700万公顷。牦牛多放牧在海拔3 000米以上的地区。如位于珠穆朗玛峰北坡的绒布寺地区，牦牛暖季放牧点海拔超过5 500米。

　　西藏牦牛分布密集的地区为唐古拉山口到南木林，再到昌都连线的三角区域，占全区牦牛总数的54.9％。

　　自西藏自治区成立以来，牦牛生产持续发展。1947年，西藏仅有牦牛40万头（张仲葛，1953），现有牦牛数为1947年的10倍。如拉萨市北部的林周县，10个乡102个行政村，5.14万人，有天然草原32.6万公顷（占土地总面积的72％）。1999年有牦牛7.58万头，人均占有肉类132千克，牛乳99千克。1985年成立林周牦牛选育场，至1999年共推广良种公牦牛580头。

　　1988年成立西藏当雄牦牛研究中心，饲养良种公牦牛25头，科学调教成功公牦牛和驯养野公牦牛，全年（包括冬春）采精,已生产牦牛冻精 30 万粒(支),人工授精母牦牛 4 万多头。

(三)四 川 省

四川省有牦牛 387 万头(居全国第三位)。分布于甘孜藏族自治州、阿坝藏族羌族自治州、凉山彝族自治州等 54 个县。其中:甘孜藏族自治州 205 万头,占全省牦牛总数的 61.1%;阿坝藏族羌族自治州 125 万头,占 37.2%;凉山彝族自治州占 1.7%。此外,峨边县、汉源县、石棉县、宝兴县、平武县、北川县也有少量分布。

四川省西部为牦牛多分布地区,海拔 2 500～3 000 米,上限海拔 4 500 米(如九龙县高山草地),年平均气温 −1℃～5℃,绝对最低温 −40℃左右,最高温为 30℃左右,年降水量 600～800 毫米,年平均相对湿度为 60%。

(四)甘 肃 省

甘肃省有牦牛 90.4 万头,牦牛占全省牛只总头数的 31%,分布于甘南草原和祁连山草原 18 个县(市)。其中:甘南草原(总面积约 4.4 万平方公里),牦牛数量最多,占全省牦牛数量的 87%;祁连山草原(总面积约 2.5 万平方公里)占 13%。甘南草原毗邻的临夏回族自治州、岷县、漳县、渭源县也有少量牦牛分布。

甘南草原位于青藏高原东北边缘,占甘肃省总面积的 8.8%,海拔一般在 3 000～4 000 米之间,年平均气温为 1.4℃,年降水量 500～700 毫米。气候高寒湿润,草原辽阔平坦。

祁连山草原位于甘肃与青海交界的祁连山东段地区,占甘肃省总面积的 5.5%,海拔一般为 2 500～4 000 米,年平均气温为 −0.2℃(乌鞘岭气象站),年平均降水量 385 毫米。

(五)新疆维吾尔自治区

新疆维吾尔自治区有牦牛22万头。分布于昆仑山、帕米尔高原、天山和阿尔泰山一带的36个县及5个生产建设兵团农场。其中:天山分布区是新疆牦牛的主产区,以克孜勒苏河为界,由西向东分布于乌恰、阿合奇、乌什、温宿、拜城、库车、和静、和硕、托克逊等县一带。该区以巴音郭楞蒙古族自治州的和静县巴音布鲁克区最多,全州有牦牛9万头以上;另由温泉县起,由西向东有博乐、精河、乌苏、吉木萨尔、巴里坤、伊吾等县;昆仑山分布区(包括帕米尔高原及阿尔金山),即塔里木盆地以南地区,由西向东南有阿克陶、莎车、叶城、皮山、和田、洛甫、于田、民丰、且末、若羌等13县。新疆是我国主要的畜牧业基地,牦牛分布区适宜于放牧牦牛的草原有730多万公顷。新疆除自古饲养牦牛的地区(昆仑山麓)外,19世纪末又分别从西藏、甘肃、青海引入少量牦牛繁育至今。

(六)云 南 省

云南省有牦牛5万多头,分布于滇西北的迪庆高原地区。其中香格里拉县(原称中甸县)和德钦县占90%以上。牦牛产区海拔3 000~4 000米,年平均气温5.2℃~5.5℃,年降水量500~700毫米,年均湿度68%~71%。

香格里拉、德钦两县饲养牦牛的历史悠久。两县与四川的乡城、稻城相邻,在交界地区牦牛混群放牧或互换种公牦牛,因此,与四川乡城、稻城牦牛有血缘关系。香格里拉各族牧民,特别是藏族牧民饲养繁育牦牛的经验丰富,重视发展牦牛生产。1939年《中甸县志》记载:有牦牛5 000头,1990年香格里拉县有牦牛及其杂种牛41 816头。

二、牦牛对青藏高原生态环境的适应性

(一)对少氧环境的适应性

牦牛生活在青藏高原海拔 3 000～5 000 米地区。同海平面处比较,海拔 3 000 米处,空气含氧量减少 1/3;海拔 5 000米处,空气含氧量约减少 1/2;海拔 4 500 米处空气含氧量仅为北京地区(海拔 50～60 米)的 58%。

牦牛胸腔容积大(比普通牛种多 1～2 对肋骨),心、肺发达,肺泡工作面积也大。牦牛的气管短而粗大,软骨环间距离也大,与犬的气管相似,能适应频数呼吸。同普通牛种比较,牦牛不仅呼吸、脉搏快,而且血液中的红血球多、直径大,成年母牦牛红血球直径为 4.83 微米,成年黄牛为 4.38 微米。也就是说,牦牛红血球一次运载氧气的量远远多于黄牛,以增加牦牛血液中的氧容量,获得必需的或更多的氧气。

同普通牛种相比,牦牛妊娠期短(250～260 天),初生犊牛体小,体内保存着较多的携氧力更强的胎儿血红蛋白(HbF$_2$),出生后能保证犊牛所需的氧或不致缺氧死亡,这说明牦牛对青藏高原少氧环境具有分子水平上的适应性。为我国登珠穆朗玛峰的登山健儿运送物资的阉牦牛曾到达海拔 6 500米处,这对其他家畜来说是望尘莫及的。

(二)对寒冷环境的适应性

青藏高原气候寒冷,年平均气温在 0℃左右。通常自由大气中每上升 100 米,气温下降约 0.6℃;珠穆朗玛峰北坡海拔5 000～5 500 米处,每上升 100 米,气温下降 0.9℃。青藏高原植物生长期仅 120 天左右,没有绝对无霜期。天寒草枯的冷季达 8 个月之久。这里虽然太阳辐射强,但热量的散失很快。因

此,海拔越高,气温越低。

牦牛全身被毛丰厚,进入青藏高原的冷季后,牦牛被毛的粗毛间丛生出绒毛,体表凸出部位、腹部粗毛(又称裙毛)密长,同蓬松的尾毛一起,像"连衣裙"一样裹着全身。同时牦牛的被毛由不同类型的毛纤维组成,具有相对稳定、保温良好的空气层(是一种热的不良导体),保暖性(阻止体热散失的性能)高。再加上皮下组织发达,暖季容易蓄积脂肪,在冷季可免受冻害。此外,牦牛体躯紧凑,体表皱褶少,单位体重体表散热面积小;加之汗腺发育差,可减少体表的蒸发散热。凡此种种,降低了牦牛体内热量通过辐射、对流、传导和蒸发的散失。在冷季气温远低于体温(37℃~38℃)的寒冷条件下,有利于保存体内热量,减少体内热能和营养物质的消耗,维持正常体温和生理机能。

牦牛对青藏高原生态环境惊人的适应性,是其他牛种无法替代的。藏族牧民亲切地把牦牛称为"诺尔"(宝贝),还世代相传着有关野牦牛、牦牛的民间故事和歌谣,创作了优美的牦牛舞,高原上的人们还举办骑牦牛赛跑的独特体育活动,以抒发对牦牛的喜爱之情。

三、青藏高原的牦牛生产

(一)国家重视发展牦牛生产

中华人民共和国成立以后,广大牧民成为青藏高原的主人,国家十分重视畜牧业和牦牛生产的发展,颁布了一系列政策、法令。例如:1950年农业部文件指出:"对畜牧业总的方针是,保护现有,奖励繁殖,在繁殖中注意选种,逐渐提高家畜品质……";1952年国务院发布的文件指出:"发动群众制定增畜计划和爱畜公约,指导群众改进饲养方法,以便大量增殖各种家畜,并逐步提高其品质";1955年国务院发布了《关于保护幼畜的指示》;1979年国家有关发展畜牧业的文件中,特别强调提高草食家畜在畜牧业中的地位及加强草原和农区草山、草坡建设;1985年颁布了《中华人民共和国草原法》;有关自治区(省)颁布了一些相应的条例、政策,建立了一批种畜场、牦牛场,各级畜牧兽医站、草原工作站,推广先进的科学技术,指导对牦牛进行本品种选育、种间杂交、疫病防治和草原建设等,为加速发展牦牛生产提供配套服务,使我国牦牛生产经济效益、商品率不断提高,成为青藏高原的支柱产业。

牦牛是青藏高原古老的牛种,牦牛科学却是一门年轻的学科。我国牦牛科技工作者深入高原牧区,在各族牧民群众和各级政府的支持下,不畏艰苦环境,辛勤地开展各项研究工作,把青藏高原的牦牛科研推向世界的最前列。在牦牛资源调查、繁殖和遗传特性、生物学特性、解剖生理、营养及代谢、产品开发及深加工、本种选育、种间杂交、野牦牛和家牦牛杂交等方面取得了丰硕的科研成果。

(二)牦牛的肉、奶、毛、皮产量

1. **肉、奶产量**　牦牛的肉、奶是青藏高原人民的重要食品和食品加工企业的重要原料。牦牛肉由于品质、风味独特,无污染,受到国内外市场的欢迎。中国牦牛年产肉量为22.56万吨,占牛肉总产量的7.96%。供肉用的牦牛活重一般为230～340千克,屠宰率为48%～53%。牦牛肉的特点是色泽为深红色(肌红蛋白含量高),含蛋白质高(21%)而脂肪低(1.4%～3.7%),肌肉纤维细(眼肌肌纤维直径为48～53微米)。

中国牦牛年产奶总量约为71.5万吨。产奶牦牛约占牦牛总头数的 36%。在暖季挤奶期,母牦牛产奶量为 200～500 千克,乳脂率为 5.36%～6.82%。牦牛奶的特点是色泽为微黄色,含干物质(16%～18%)和脂肪(6%～8%)高,脂溶性维生素和钙、磷丰富。

2. 毛、皮产量　牦牛是牛属家畜中惟一剪毛的牛种。牦牛尾毛、绒毛畅销国内外。中国牦牛年产毛总量(包括尾毛、绒毛)为 1.3 万吨,其中绒毛 0.65 万吨。牦牛尾毛每两年剪 1次,平均每头剪尾毛 0.25 千克。尾毛主要供制作戏剧胡须、蝇拂、刀剑缨穗等道具及假发(发帽)、圣诞老人胡须和工艺品。其中以白牦牛尾毛(可染色)珍贵而价高。粗毛每年暖季剪 1次,每头剪毛量0.5～3 千克,主要供制作毡、绳、帐篷布等。牦牛在每年剪毛前,一些地区先抓绒(有的同粗毛一起剪),每头抓绒量 0.3～0.7 千克。牦牛绒手感松软滑爽,光泽好,近似山羊绒,可加工牦牛衫(裙、裤),精纺衣料。牦牛绒细度在 25 微米以下,平均 16.8 微米,折裂强度 9.81 克,纤维公制支数2 979,含脂率为 9%～10%。

中国牦牛年产牦牛皮 17 万张,牦牛皮质地良好。成年牦牛的鲜皮重 13～36 千克,占活重的 5.6%～8.8%。牦牛皮的特点是生皮毛长,真皮层胶原束编织较疏松。

此外,牦牛(主要是阉牦牛)是青藏高原上主要的役畜,担负驮载、骑乘、耕地等使役作业。成年阉牦牛使役可到 15 岁,每头驮载重 65～80 千克,日行程 25～30 公里,可连续驮载7～10 天。青藏高原地势陡峻,山高路险,跨冰河,过雪原,牦牛行进稳健。牦牛四肢较短,强壮有力。骨骼坚实致密,骨小管发育差,含钙、磷多。公牦牛骨断面上骨小管的密度为 26.6个/平方厘米,骨致密部分(干物质)含氧化钙 35.9%;普通牛种公牛相应为 35.3 个/平方厘米和 32.9%。牦牛蹄大而坚实,蹄叉开张,蹄尖锐利,蹄壳有坚实突出的边缘围绕,蹄底后缘有弹性角质的足掌。这种蹄不仅着地稳妥,而且可减缓身体向下滑动的速度和冲力,能使牦牛在高山雪原上放牧和行走自如。

四、保护产区生态环境,科学地开发牦牛产品

由于历史、社会及生态条件的局限,加之牦牛本身所具有的生物学特性,使牦牛生产长期形成了不同于其他家畜的生产系统。即终年放牧,晚熟,生长发育及周转缓慢;低投入,低产出或低效益等的粗放饲养管理系统。牦牛生产还表现出很强的季节性,暖季(约4个月)牧草丰盛,冷季(约8个月)天寒草枯,很多地区草地超载或过牧严重,草畜矛盾突出,每年因缺草和冷季减重损失很大,也导致草地严重退化甚至出现沙化,使青藏高原一些地区生态变得很脆弱。长江、黄河发源于这里,尽力保护好牦牛产区的生态环境,不仅可使牦牛生产持久、高效的发展,对全国生态建设也有举足轻重的影响。

长期以来,牦牛产区草原牧草资源只能依靠牦牛和藏羊来转化为商品,广大牧民也以牦牛为主要的生产、生活资料,仅出售活牛、牦牛绒、皮等产品。生产、加工、流通环节彼此脱节,产品难以实现多层次的加工增值。特别是牦牛的肉、奶食品,作为无污染的绿色食品,风味独特、鲜美,日益受到人们的青睐。因此,加强牦牛产品的开发,搞好多层次、多种类牦牛产品的深加工,建立一批规模化、产业化经营的商品生产基地、企业、市场或营销渠道,使粗放的牦牛生产迅速向质量型、生态效益型转变,对提高牦牛产区各族人民的生活和促进西部大开发具有十分重要的意义。

五、加快牦牛肉生产

(一)拓展规模化经营和牛源基地建设

当前,牦牛产区许多自治州(县),都建立有牦牛肉、奶及绒毛产品等的小型加工厂,有的地区成立了牦牛产品加工的大型企业或公司,初步形成公司加牧户的规模化经营体系:即牛源基地体系(母牛、犊牛、架子牛),肉牛育肥场体系,产品加工及销售体系和牦牛生产服务体系。

现阶段牛源基地的主体还是传统牧(农)户,95%以上的牦牛肉及其他牦牛产品的加工原料来源于牧(农)户。传统牧(农)户的特点是生产积极性高,受益面大,饲料及劳动成本低,特别是当前牧区实施人(有定居住房)、草(草原有偿承包)、畜(有越冬棚圈或暖棚)"三配套"建设,改变基础设施薄弱的状况,形成规模经营(千家万户连片)的牛源基地后,群体规模不断由小到大,并向产业化过渡,在市场上会有一定的竞争力。但必须有深加工或技术凝结度高的产品来维持牛源基地的经济效益。牦牛生产由传统向专业化、产业化经营转化的趋势,与国外现代化养牛业发展过程中的变化趋势是基本一致的。应该看到以牧(农)户为主体的不足之处是:在起步阶段牛源基地供育肥的架子牛批量小,质量参差不齐,给育肥场育肥造成一定困难;牦牛生产资金周转及积累缓慢,对畜牧技术反应也较慢;牧(农)户抗风险力也低,游离性(随市场变化相应转变生产方向)大等。这就需要生产服务体系及政府业务部门等多方面的指导和扶持,加强对牛源基地生产变化规律、技术、适应市场等方面的研究及采取相应的对策措施。

（二）努力解决牦牛的饲料及转区育肥问题

牦牛饲料大体可分为天然草原或人工栽培牧草（青绿饲料）、农区的作物秸秆、非蛋白氮（尿素或铵盐），是非竞争性饲料；精料（谷物、加工副产品）是竞争性饲料，特别是同其他非反刍畜的竞争。牦牛的饲料应以非竞争性饲料为主，精料为辅，二者结合才能达到高效、优质的目标，才能改变历史上遗留下来的冷季减重甚至死亡的状况。因此，除了加强草原培育，种植人工牧草外，应积极开发牦牛的粗饲料及进行精料加工，努力解决补饲的精料、育肥场育肥饲料的来源问题，才能获得质量上乘的肉牛。要逐步改变单纯追求头数、牦牛不喂料、不加速周转或出栏的传统观念。

农区种植业占主导地位，饲料资源丰富，生态条件优于高寒牧区。除向农区收购饲草料，将牧区架子牛进行舍饲育肥外，对难越度冷季的牛转入农区继续育肥，使牧区生态能流或牛只暖季增重得以延伸，使其继续增重，对农区、牧区都有利。应采取不同的协作或农牧区联营方式，搞好牦牛转入农区的育肥工作。这样不仅可将农区的饲料转换为畜产品，肥料还田，利用农区冬闲的剩余劳力，而且可使牧区集中补饲草料，建设棚圈，养好基础繁殖母牦牛。

（三）牦牛肉产品市场

牦牛生产周期长，对市场变化及现代畜牧技术反应较慢。在战略总体、生产总量上，受市场左右较大，但在局部战术、产品开发生产、创名牌上，牦牛肉产品的主动性及优势很大。如牦牛肉含蛋白质丰富，谷物中较缺的蛋氨酸、赖氨酸含量高，脂肪少，产于青藏高原无污染的生态环境，在国内、国外市场上都具有较大优势和竞争力。

牦牛肉面临国内、国外两大市场的挑战。国内市场消费基数很大,牛肉消费量不断增长。我国人均增加1千克牛肉,全国就需年增产牛肉120万吨以上。但牧区牦牛肉生产目前虽品牌多,但无规模,在经营管理、肉牛育肥及肉品加工等方面都不适应国内外市场的需求。

国际主要牛肉市场,位于我国周边地区,牛肉需求量也在增加。我国牛肉主要出口俄罗斯、哈萨克斯坦、伊朗、日本、韩国等国。加入世贸组织(WTO)后,为牦牛肉及其制品进入国际市场提供了有利的条件和机遇,但也面临更大的竞争。

为适应市场需求,牦牛肉生产必须积极地向质量型、成本效益型转变。牦牛产区主管部门和加工、流通企业,要放眼国内外市场,按市场需求进行产业化生产,积极创造条件统一品牌、统一质量、统一规格,用新的特色产品占领市场、创造效益。

随着经济全球化速度加快,国内外消费者对牛肉质量的要求日益苛刻,产品质量及诚信达不到上乘,就难占领市场,甚至失去竞争力而拱手让出国内外市场。因此,努力提高牦牛肉及其加工制品的质量,是我们不断开拓市场,参与竞争而不败的惟一途径。

第二章 牦牛的地方类群

一、天祝白牦牛

(一)产 地

天祝白牦牛是产于甘肃省天祝藏族自治县的我国稀有而珍贵的地方类群,也是甘肃省的特产家畜之一。天祝县位于青藏高原北缘、祁连山东端。东径 102°01′～103°40′,北纬 33°30′～37°35′。地势由西向东北倾斜,南部有终年积雪的马牙雪山,东部为毛毛山,乌鞘岭从中部穿过。县境内海拔在 2 040～4 874米之间。该县的西大滩、抓喜秀龙滩(汉语为永丰滩)、柏林等草原为主要产区。年平均气温－1℃～1.3℃,日较差为 10.6℃,相对无霜期 77.8～95.8 天,年降水量 265～632 毫米,年蒸发量 1 590～1 730 毫米。植物生长期约为 120 天,相对湿度 58%,日照 2 553.3 小时。气候总的特点是寒冷,温度变化剧烈,日照强,雨量充沛,相对湿度高。

全县草原面积 39.1 万公顷,牧草生长密集,水源丰富,水质较好。天然牧草以莎草科和禾本科牧草为主,各牧草种类中,莎草科牧草占 16.9%～51.6%,禾本科牧草占 26.4%～29.3%,杂类草占 14%～45.6%,毒草占 0.9%～1%。一般阴坡草原灌木丛生,绵羊难以利用,主要用以饲牧牦牛,2001 年天祝县有白牦牛 3.94 万头,占全县牦牛总头数的 44%。

天祝县是以藏族为主,汉族、蒙古族、土族和回族杂居的地区,全县总人口 23 万人,各族人民,特别是藏族人民世代饲养牦牛,有着丰富的经验。

(二)来　源

天祝县同青海省门源回族自治县、互助土族自治县毗邻。据 20 世纪 50 年代藏族老牧民谈:百年以前,天祝地区人、畜稀少,牧草丰盛,青海牧民逐水草游牧到天祝一带安家,在当时饲牧的牦牛中就有白色个体。由于天祝县距兰州、武威两市近,白牦牛毛、尾因能染色而经济价值高,是远销国内外的珍品,可制作古典戏装和圣诞老人的胡须、蝇拂和刀剑缨穗,以及假发等。因此,来天祝收购的商人多,促使当地牧民在解放前就繁育白牦牛。但因社会制度、灾荒、疫病等的原因,白牦牛生产处于繁育上混交乱配,自生自灭和靠天养畜的状态,数量急剧下降。

中华人民共和国成立以后,1950 年成立天祝藏族自治县,各级政府重视发展畜牧业,积极开展白牦牛的选育,使白牦牛的数量迅速增加,质量也不断提高。1981 年以后,天祝白牦牛选育领导小组成立,确定了"肉毛兼用"的选育方向,制定了选育计划和天祝白牦牛评级标准等。并建立了天祝白牦牛育种实验场(1998 年被甘肃省畜牧局评为甘肃省重点种畜禽场)及选育区,1999 年农业部批准"天祝白牦牛资源场建设项目",新建牛舍 1 460 平方米,购置了相关仪器、饲料加工机具等,建成饲料基地 67 公顷,新组建核心牛群 270 头,总头数达770 头,年供种牛 100 头,并生产冻精,扩大了选育及良种推广范围,使选育工作不断取得成效。

(三)外　貌

天祝白牦牛体型结构紧凑,前躯发育良好,鬐甲隆起,后躯发育差,荐高,尻部一般窄而倾斜。四肢较短,骨骼粗而结实。两性异形显著。

公牦牛头较大而额宽,头心毛多为卷曲状,角粗长,浅黄色。成年公牦牛角基围为 25.4±2.12 厘米,角外弧长为 43.5±3.54 厘米。角向外上方或外后方弯曲伸出,角尖锋利,角轮明显。口和鼻孔大而钝圆,唇薄而灵活,鼻镜小。颈粗,颈垂不发达。鬐甲隆起比母牛显著(经测定第三胸椎棘突高达 29.5 厘米)。鬐甲一般始于最后一个颈椎,延伸至背的中部,背腰相对较低而微凹,背线至十字部又隆起。前躯宽,胸部(尤其是后胸)发育良好,成年公牦牛肋骨宽 3.5 厘米,第八至第九肋骨之间的距离为 3 厘米,虽然腰椎比普通牛少 1 个,但因腰椎间的距离较宽,所以从外部看腰部并不短。腹稍大而不下垂;荐高,后躯发育差,尻多呈屋脊状。全身肌肉比母牦牛发育好,皮肤多为粉红色,大多数有黑色素沉着斑点;睾丸较小,被阴囊紧裹。

母牦牛头大小适中而俊秀,额较窄,角细长,成年母牦牛角基围 16.6±0.96 厘米,角外弧长为 37±3.09 厘米。也有无角者,无角牦牛全身被毛长,额部毛密长而往往盖住双眼,四肢粗毛着生至系部。母牦牛口和鼻孔较小,颈薄,鬐甲和背线起伏不如公牦牛剧烈,前后躯发育不如公牦牛悬殊,腹较大,一般不下垂。其他基本同公牦牛。乳房发育差,乳静脉不明显,乳房小而乳头短,乳头平均长度 2.48±0.4 厘米,前后乳头距离为 3.26±0.71 厘米。

天祝白牦牛成年公牦牛体高为 120.8 厘米,活重为 264.1 千克;成年母牦牛相应为 108.1 厘米和 189.7 千克。

(四)生产性能

1. 产肉性能　天祝白牦牛初生重公犊牛为 12.7 千克,母犊牛为 10.9 千克。1～4 岁牦牛的活重、平均日增重见表 2-1.成年公、母牦牛屠宰率为 52%,阉牛为 54.57%(表 2-2)。

骨肉比公牦牛为 1：2.42，母牦牛为 1：3.70，阉牦牛为 1：4.07。

表 2-1　天祝白牦牛 1～4 岁的活重和日增重　（千克，克）

年龄 （岁）	公　牦　牛			母　牦　牛		
	活　　重	年净 增重	平均日 增重	活　　重	年净 增重	平均日 增重
1	71.9±10.3	59.2	162.2	69.5±13.6	58.6	160.5
2	129.3±11.5	57.4	157.3	126.0±7.07	56.5	154.8
3	171.2±4.81	41.9	114.8	152.1±5.35	26.1	71.5
4	220.9±37.19	49.7	136.2	171.4±19.61	19.3	52.9

表 2-2　天祝白牦牛的活重和屠宰率、净肉率　（千克，%）

项　　目	公牦牛	母牦牛	阉牦牛
宰前活重	272.65	217.83	245.14
胴体重	141.63	113.33	134.30
屠宰率	52.01	52.03	54.57
净肉重	100.26	89.20	107.80
净肉率	36.28	39.59	41.39
鲜皮重	20.70	13.50	15.35

2. 产毛性能　天祝白牦牛成年公牦牛剪（拔）裙毛量平均为 3.62 千克，最高达 6 千克。抓绒毛量为 0.4 千克，尾毛量为 0.62 千克；成年母牦牛相应为 1.18 千克，0.75 千克和 0.35 千克；阉牦牛相应为 1.69 千克，0.48 千克和 0.3 千克（表 2-3）。天祝白牦牛各部位毛股长度见表 2-4。尾毛最长，公牦牛为 52.3 厘米，母牦牛为 44.7 厘米，主要是因两年剪尾毛 1 次。其次是腹部裙毛（母牦牛除外），再次为臀部粗毛，背毛

· 17 ·

最短。

表 2-3　天祝白牦牛(5 岁以上)的产毛量　　(千克)

性别	头数	裙毛量		抓绒量		尾毛量	
		平均	标准差	平均	标准差	平均	标准差
公	9	3.62	1.64	0.40	0.05	0.62	0.21
母	24	1.18	0.38	0.75	0.25	0.35	0.09
阉	7	1.69	0.45	0.48	0.11	0.30	0.08

表 2-4　天祝白牦牛(5 岁以上)各部位毛股长度　　(厘米)

性别	头数	背	腹	臀	尾
公	2	8.00	30.25	22.25	52.30
母	24	11.37	52.13	19.97	44.70
阉	7	11.60	30.10	23.90	45.10

3. 产奶性能　天祝白牦牛年产奶量约 400 千克,其中 2/3 以上由犊牛哺食。每年 6～9 月份为挤奶期(约 105～120 天),日挤奶 1 次。据天祝牛场(处于抓喜秀龙草原)1955 年测定(223 头,内有部分黑牦牛),平均挤奶期为 105 天,平均挤奶量为 81.44 千克,乳脂率 6.82%(范围 5%～8.2%),最高日挤奶为 4 千克,最低为 0.5 千克;1981 年 6 月下旬测定(25 头),平均日挤奶量为 0.88±0.5 千克。1984 年 6～9 月份测定,在挤奶期平均乳成分为干物质 16.91%,脂肪 5.45%,蛋白质 5.24%,乳糖 5.41%,灰分 0.77%,密度 1.0387,热值 3 645.1 千焦/千克。乳脂肪球平均直径为 4.13±1.31 微米。

(五)繁殖性能

天祝白牦牛的繁殖性能与当地黑牦牛无差异。一般母牦牛在 12 月龄第一次发情,初配年龄母牦牛为 2～3 岁,公牦牛为 3 岁。一般 4 岁才能体成熟。发情季节为 6～10 月份,个别母牦牛 12 月份也发情。7～9 月份为发情旺季。当地公、母牦牛的配种比例为 1：15～25。天祝白牦牛妊娠期为 270 天左右。

天祝白牦牛是我国牦牛白色尾、绒及毛的主要来源,经济价值很高,特别是白尾毛供不应求。除毛外,产肉、产奶性能较低。但由于各级政府和广大牧民重视选育提高,经过一定时期的共同努力,将会成为优良的地方牦牛品种。

二、九龙牦牛

(一)产 地

九龙牦牛是产于四川省九龙县和康定县沙德区的牦牛优良类群,是我国横断高山型牦牛的代表。九龙县位于横断山脉的东北缘,贡嘎山的西南面,属青藏高原东南部边缘,北与康定县接壤。东径 101°07′～102°10′,北纬 28°19′～29°20′。全县地势北高南低,大雪山由北向南纵贯全境。县境内海拔 1 440～6 010 米,九龙河由北向南流经县城而汇入县境西南的雅砻江。九龙县属于大陆高原季风气候,年平均气温 8.8℃,年降水量 889 毫米,无霜期 184 天,日照时数为 1 920 小时。

全县草原面积达 29.1 万公顷,由于地貌高差及气候影响,土壤与植被呈垂直分布。海拔 2 800～4 700 米有亚高山草甸草地和灌丛草甸草地、高山草甸草地和灌丛草地,适宜于饲养牦牛。主要牧草有高山早熟禾、珠芽蓼、黑花苔草、羊茅、鹅绒委陵菜、高山蒿草、披碱草及其他杂草。1992 年全县有牦牛 31 085 头。

九龙县是以藏、汉、彝族为主的多民族杂居地区,全县总人口 4.47 万人。畜牧业或牦牛生产是各族牧民群众世代经营和发展的主要产业。

（二）来　源

九龙县一带饲牧牦牛的历史悠久。由于当地难以发展绵羊养殖，交通不便，需要体大健壮的驮牛（阉牦牛）做运输工具，以及各族人民对肉、奶及其制品、毛及其制品等的需要，经过长期选育及生态环境的影响，形成现在的肉、毛生产性能高、体型大的九龙牦牛。现在的九龙牦牛是近一百多年来，对一小群当地牦牛（清代道光年间一次大的牛瘟流行后的幸存者），通过选种、选配，加强幼牛的培育，以及丰盛的饲料条件等的影响下形成的。当地各族人民选育和饲牧牦牛的经验丰富，如严格选择种公牛，对母牦牛采取严格的淘汰等，使九龙牦牛成为具有共同来源、生产性能较高的优良类群。

中华人民共和国成立后，各级政府及业务部门，逐步采取相关措施和科学选育技术，开展了系统选育研究工作，如20世纪70年代，有关单位、院校进行了资源调查，并列入国家和四川省品种志。1988年由西南民族学院、九龙县畜牧局及甘孜藏族自治州家畜改良站共同主持实施"九龙牦牛选育项目"，组建国有育种核心群（58头）、选育核心群（513头），制定了九龙牦牛选育方案、品种标准，进行了生产性能、生长发育及遗传等多学科的测定或研究，为九龙牦牛的选育提高奠定了基础。

（三）外　貌

九龙牦牛体质粗壮结实，体大，体躯宽厚。头较短，额宽，公母均有角。公牦牛角粗并开张，自角基向外平伸并弯曲向上，角尖略向后。母牦牛角较细，角形向外向上，角尖向后者多。颈粗短，鬐甲高，前胸发育好，肋骨开张，胸深，腹大而不下垂。后躯较短,尻部略斜。四肢结实,前肢肢势端正,后肢弯曲有力。

全身被毛丰厚,额毛卷曲,长的遮及双眼。前胸、体侧裙毛着地。毛色以全身黑褐色为多(占 3/4),少有白斑或黑白花。

九龙牦牛(2.5 岁)公牦牛体高 137.5 厘米,活重 593.5 千克;母牦牛相应为 116.6 厘米和 314.4 千克。

(四)生产性能

1. 产肉性能 九龙牦牛的初生重,公犊牛平均为 15.94 千克,母犊牛平均为 15.47 千克。牦牛犊生后的第一月龄母牦牛不挤奶,公犊牛平均日增重 458.3 克,母犊牛为 461.47 克;犊牛 1 月龄后母牦牛开始挤奶,2～6 月龄犊牛平均日增重公犊牛为 359 克,母犊牛为 337 克;7～8 月龄相应为 207 克和 162 克;19～30 月龄相应为 173 克和 177 克。各龄牦牛的活重见表 2-5 和表 2-6。

在放牧育肥无补饲的条件下,4.5 岁牦牛屠宰率为 52.5%(公)～56%(阉);净肉率 41%～45%(阉);眼肌面积 65(公)～66(阉)平方厘米,骨肉比为 1:3.67～4.28。肉质特性:熟肉率 60%～70%;系水率 92.7%,pH 值 6.62～6.42,脂肪熔点 53.83℃～53.98℃。

表2-5 九龙牦牛初生到2.5岁的活重 (千克)

年龄	公 牦 牛		母 牦 牛	
(岁)	头 数	活 重	头 数	活 重
初生	27	15.94±2.28	24	15.47±2.40
0.5	160	68.79±15.04	150	65.95±15.69
1.5	231	145.34±32.30	199	124.92±24.51
2.5	106	208.62±46.24	129	189.60±40.70

表 2-6　九龙牦牛 3.5～6.5 岁的活重　（千克）

年龄	公 牦 牛		阉 牦 牛		母 牦 牛	
（岁）	头 数	活 重	头 数	活 重	头 数	活 重
3.5	83	272.58±50.02	6	293.83±41.03	159	243.10±34.75
4.5	32	312.94±45.51	25	345.56±62.41	165	269.67±35.07
5.5	10	386.02±42.04	19	379.61±73.49	202	283.05±33.79
6.5	8	474.09±45.27	37	428.66±49.83	266	300.64±37.84

2. **产奶性能**　在放牧无补饲的条件下,每头母牦牛日挤奶量为 1.16(第一胎)～1.5 千克(第三胎),成年母牦牛挤奶期 153 天,挤奶量约 400 千克,乳脂率 6.3%～6.5%,酥油率 7.22%～7.85%。

3. **产毛性能**　每年 5～6 月份剪毛。平均剪毛量为 0.98～3.08 千克,含绒量为 20%～60%。产毛量因地区间小气候的不同而有很大的差异。九龙县洪坝地区,相对湿度达 80% 以上,终年多雾,日照少,牦牛产毛量高。19 头种公牦牛平均剪毛量为 13.93±2.42 千克,10 头阉牦牛为 4.3±0.91 千克,16 头母牦牛为 1.79±0.69 千克;其他地区产毛量低,28 头种公牦牛平均剪毛量为 1.92±1.07 千克。

(五)繁殖性能

母牦牛一般 3 岁时初配,繁殖年限为 10～12 年。一般 3 年产 2 犊。繁殖率为 64.33%,牦牛犊成活率为 85% 以上,繁活率 58.66%。公牦牛一般 3 岁开始配种,6～9 岁为配种盛期。成年公牦牛每次射精量为 2.4±0.9 毫升,精子密度为 26.8±5.9 亿/毫升,活力 0.8±0.05,畸形精子率 8.3%。

九龙牦牛是在产区生态环境条件下,经长期选育而成的牦牛类群。在这个类群中,产于九龙县洪坝地区的群体,产毛量高,含绒量大;斜卡地区的群体,体格大,产肉性能高。因此,选育提高生产性能的潜力很大。我们相信九龙牦牛的选育工作会得到更快的进展。

三、麦洼牦牛

(一)产　地

麦洼牦牛是主产于四川省阿坝藏族羌族自治州的红原县麦洼、瓦切及若尔盖县包座一带的牦牛优良类群,因其产区原属麦洼部落而得名。在上述产区周围的阿坝、松潘和壤塘县也有分布。

产区位于青藏高原的东部边缘,海拔3 400～3 600米,谷地宽阔,多沼泽。气候特点是冷季长、干燥而寒冷;暖季短、湿润而温和。年平均气温为1.1℃,绝对最高气温25.6℃,绝对最低气温为-33.3℃;全年无绝对无霜期。年日照时数平均为2 413.5小时。年降水量为587.6～990.5毫米,5～9月份降水集中,占全年降水的79%。

草地类型以高寒草甸草场为主,其次为高寒沼泽草地和高寒灌丛草地,以及少量的亚高山林间草地。天然牧草产鲜草量平均为4 500千克/公顷,人工饲料地可种植燕麦和青稞等。主产区有麦洼牦牛20余万头,其中适龄母牦牛近8万头。

(二)来　源

麦洼部落原居于今四川省甘孜藏族自治州炉霍、色达、德格、甘孜等县。约1919年,当地原居的麦洼部落200多户牧民因故驱赶牦牛向北迁移,途经今四川壤塘、阿坝县及青海果洛藏族自治州等地,最后又返回或定居于四川红原县麦洼地区。

麦洼牦牛在随主人迁移的过程中,沿途混入各地牦牛,使麦洼牦牛血缘有所更新。定居今麦洼地区以后,由于草场辽阔,水草丰盛,部分母牦牛不挤奶,或日挤奶1次,幼牛生长发育好,加之藏族牧民有丰富的选育和饲牧牦牛的经验,使麦洼牦牛的生产性能逐步有所提高。

(三)外 貌

麦洼牦牛头大小适中,额宽平,有角牦牛占98.91%。前胸发育良好,肋骨较开张,背腰平直,腹大而不下垂,尻部较尖斜。四肢健壮,蹄较小而坚实。两性异形明显。公牦牛眼大而有神。角粗大,自角基部向两侧及向上伸,角尖略向后、向内弯曲。颈粗短,鬐甲高而丰满。母牦牛角较细短(多数与公牦牛的角形相似),颈较薄,鬐甲相对较低而薄。麦洼牦牛全身被毛长而有光泽,毛色以纯黑色居多。据抽样统计,纯黑色占64.2%,其次为黑带白色占16.8%,青色占8.1%,褐色占5.2%,黑白花占4.2%,其他毛色占1.5%。

麦洼牦牛体尺及体重,在个体间和地区间差异较大。4岁公牦牛体高116.6厘米,活重302.3千克;同龄母牦牛相应为101.6厘米和181.9千克。

(四)生产性能

1. 产奶性能 母牦牛产犊后10～15天开始挤奶,挤奶期为5～6个月。据1981年报道,13头1～5胎母牦牛的平均挤奶量为176.45千克,平均日挤奶量1.09千克。乳脂率6.77%(表2-7)。

表 2-7　红原县麦洼牦牛的挤奶量及乳脂率　（千克，%）

指　标	测定头数	挤　奶　月　份						总挤乳奶量或平均乳脂率
		6	7	8	9	10	11	
挤奶量	13	40.37	40.64	37.30	26.96	20.18	11.00	176.45
乳脂率	6	—	5.62	6.60	6.45	7.55	7.83	6.77

2. **产肉性能**　麦洼牦牛的初生重,公犊牛为 13.14±1.85千克,母犊牛为 11.88±1.81 千克;3 月龄平均日增重相应为 327 克和 237 克。各龄牦牛的活重见表 2-8。

成年阉牦牛平均活重为 426.58±48.84 千克。麦洼牦牛在终年放牧无补饲的情况下,成年阉牦牛屠宰率为 55.2%,净肉率为 42.8%,骨肉比为 1:2.96。

表 2-8　麦洼牦牛 1～5 岁的活重　（千克）

年龄（岁）	公　牦　牛		阉　牦　牛		母　牦　牛	
	头　数	活　重	头　数	活　重	头　数	活　重
1	84	65.91±12.18	—	—	82	67.02±11.26
2	33	120.14±19.96	11	80.32±15.01	35	119.60±28.53
3	30	170.69±25.80	12	213.68±31.46	61	154.78±28.5
4	15	302.27±49.53	11	260.21±68.86	73	181.90±21.17
5	10	375.32±69.80	15	338.66±58.62	40	188.68±42.55

据四川省草原研究所试验,1 岁公牦牛经去势后放牧育肥,在无补饲条件下,育肥 150 天,平均体重由 67.31 千克增加至 129.84 千克,平均日增重 417 克。随机屠宰 17 月龄的牦牛 7 头,屠宰率为 42.87%,净肉率为 31.77%,骨肉比为 1:2.87,眼肌面积 29.5 平方厘米,9～11 肋骨肉样含蛋白质

21.5%,脂肪 3.3%,灰分 1%。

3. 产毛性能　麦洼牦牛每年 6 月份开始剪毛,部分地区采取先抓绒后剪毛的方式。平均产毛量成年公牦牛为 1.43±0.23 千克,成年母牦牛为 0.35±0.07 千克。成年公牦牛肩部毛长为 38 厘米,背部毛长为 10.5 厘米,股部毛长为 47.5 厘米,裙毛长为 37 厘米,尾毛长 60 厘米以上。

（五）繁殖性能

麦洼牦牛多数母牦牛 3 岁开始配种,有少数(5%左右)发育良好的母牦牛 2 岁配种,3 岁产第一胎,但犊牛成活率低。一般母牦牛终生产犊 6～7 头。

母牦牛每年 5～11 月份为发情季节,7～9 月份为发情旺季。发情周期为 18.15±4.38 天,发情持续期 16～56 小时;妊娠期 266.04±9.05 天。

公牦牛 2 岁具有配种能力,但 3～4 岁才开始作为种用,5～8 岁配种能力最强。

麦洼牦牛主产区应进一步开展选育工作,使麦洼牦牛的生产性能尽快得到提高。

四、青海牦牛

（一）产　地

1. 高原型牦牛产地　产于青海省南部及北部。包括玉树及果洛两藏族自治州的 12 个县,黄南藏族自治州的河南蒙古族自治县、泽库县,海西蒙古族藏族自治州的格尔木市唐古拉地区和天峻县,海南藏族自治州的兴海县西北部地区和海北藏族自治州的祁连县。产区有昆仑山、祁连山,形成海拔 3 700～4 000 米以上的两个冷区,年平均气温 -2℃～ -5℃,年平均降水量282～774毫米,年平均相对湿度50％以上。部分地区属高山草甸草场,玉树州东部和果洛州、黄南州邻近黄河地区,海拔3 500～4 000米,年平均气温-1.4℃～2.7℃,年平均降水量460～774毫米,牧草以莎草科和禾本科为主。据1981年统计,高原型牦牛有346万头。

2. **环湖型牦牛产地**　主要产于青海湖周围的牧区。包括海北藏族自治州的海晏县、刚察县,海南藏族自治州的贵南县、共和县、同德县和兴海县东部,海西蒙古族自治州的乌兰县、都兰县和格尔木市等9县(市)。海拔2 000～3 400米,为青海省次暖区,年平均气温0.1℃～5.1℃,年平均降水量269～380.3毫米,以半干旱的草原草场和草甸草场为主。据1981年统计,环湖型牦牛有98万头。

(二)来　源

青海省是我国牦牛的传统产区,早在殷商时期就饲养牦牛。此外,在青海省的一些地区自古以来有野牦牛存在,尤其在交配季节,常有野公牦牛混入家牦牛群中与母牦牛交配,所生后代无论公母都有正常的生殖能力。

高原型牦牛的形成,除同产区生态条件等有关外,还与家牦牛中长期导入野牦牛基因(或血液)分不开。故高原型牦牛在外貌、特性等方面同野牦牛有某些相似之处。

环湖型牦牛的形成,除受产区生态条件因素的影响外,与当地引入蒙古牛长期同牦牛杂交,导入了不同程度的蒙古牛种的基因(或血液)有关。

(三)外　貌

青海牦牛共同的外貌特征是体型紧凑,前躯发育好,后躯较差。鬐甲高,前肢较短、肢势端正,后肢呈刀状,尾、体侧下部被毛粗长。公牦牛头粗重,颈短厚,无垂皮。睾丸较小,接近腹部。母牦牛头长额宽,颈长而薄,眼圆、大,乳房小,乳头短,乳静脉不明显。

1. **高原型牦牛**　体格高大,体高比环湖型牦牛平均高7~10厘米;体重大,比环湖型牦牛平均重30~100千克;头大,角粗,鬐甲高而较丰满。嘴唇、眼眶周围及背线被毛多为灰白色或污白色。青海省南部和北部的该类型牦牛,一般公母均有角。全身被毛黑褐色者占到71.76%。其余为栗褐、黄褐、灰及花毛色。此外,高原型牦牛对高寒潮湿的气候条件适应性极强。成年公牦牛体高为129.2厘米,活重443.9千克;成年母牦牛相应为110.8厘米和256.4千克。

2. **环湖型牦牛**　体格较小,头似楔形,鼻狭长,鼻梁中部多凹陷。鬐甲较低。背线多呈线波式。无角者较多。有角者的角细长,弧度较小。毛色较杂,黑褐色占64.3%,其余毛色同高原型牦牛毛色相似。此外,环湖型牦牛较能适应半干旱的气候条件。成年公牦牛体高为113.86厘米,活重为323.1千克;成年母牦牛相应为103厘米和210.6千克。

(四)生产性能

1. **产肉性能**　青海牦牛初生重一般为10.7~13.39千克。1岁内生长较快。青海省大通牛场的牦牛(属环湖型)在暖季放牧条件下(海拔3300米),据1981年6月初至9月初测定1~3岁的公、母牦牛各3头,120天增重48.67~63.16千克,平均日增重406~526克。各龄牦牛在暖季的增重见表2-9。

青海省大通牛场带犊母牦牛不挤奶而全供犊牛哺食时,5~6月龄的公牦牛犊活重为101.17千克,屠宰率51.57%,净肉率40.78%。

青海阉牦牛的屠宰率及净肉率:高原型活重337.8千克,屠宰率50.5%,净肉率39.1%;环湖型相应为225.7千克,

48.6%和38.2%。

表 2-9　环湖型牦牛暖季的增重　（千克,克）

年龄 （岁）	测定 头数	暖季 120 天增重			
		始重	末重	总增重	日增重
		公　　牦　　牛			
1～1.5	3	93.67±16.84	149.67±13.31	56.00	467
2～2.5	3	127.67±11.98	190.83±10.56	63.16	526
3～3.5	3	159.10±10.64	210.67±15.49	51.57	431
		母　　牦　　牛			
1～1.5	3	84.17±15.09	140.50±15.90	56.33	469
2～2.5	3	120.33±15.28	182.67±16.16	62.34	520
3～3.5	3	151.50±18.58	200.17±16.63	48.67	406

2. **产奶性能**　青海牦牛的挤奶量（不包括牦牛犊哺食量），初胎母牦牛平均日挤奶量为 0.68～1 千克,经产母牦牛为 1.3～1.7 千克。青海南部地区高原型牦牛挤奶期挤奶量（日挤奶 2 次）,初胎母牦牛为 190.63 千克,经产母牦牛为 274 千克;环湖型牦牛（日挤奶 1 次）相应为 104 千克和 257.03 千克。牦牛一般挤奶期为 150 天左右,乳脂率为 6.37%～7.2%。

3. **产毛性能**　青海牦牛平均每头年产毛量成年牦牛为 1.17～2.62 千克,2～3 岁牦牛为 1.3～1.35 千克。青海成年牦牛的产毛量见表 2-10。

（五）繁殖性能

公牦牛在 1 岁左右表现性行为,2 岁可参加配种,2～6 岁配种能力最强,以后逐渐减弱。

母牦牛一般 2～2.5 岁发情配种。在正常年景,繁活率为60%左右,饲养管理好的牛群连续 3 年繁活率可达80.76%～96.15%。

表 2-10　青海成年牦牛的产毛量 （千克）

类　型	性别	测定头数	产　　毛　　量			毛生长年限
			粗毛量	绒毛量	总　量	
高原型	母	5	0.60±0.20	0.57±0.29	1.17±0.47	2
环湖型	母	11	0.85±0.51	0.69±0.28	1.53±0.59	2
高原型	公	8	0.87±0.30	1.01±0.42	1.88±0.44	1
环湖型	阉	5	1.61±0.48	1.01±0.40	2.62±0.62	1

配种季节,空怀或犊牛断奶早的母牦牛,一般在 6 月中下旬开始发情,7～8 月份为发情盛期。产犊季节一般在 4～6 月份,4～5 月份为盛期。

发情周期平均为 21.3 天,其中 14～28 天的占 56.2%。发情持续期多为 41～51 小时。一般在发情 12 小时以后排卵,有的在发情终止后 3～36 小时后排卵。

妊娠期平均为 256.8 天,怀种间杂种胎儿时为 270～281.3 天。

青海高原型牦牛头数多,分布广,产肉性能高,而且含有野牦牛基因,是青海牦牛群体中的优势类型,今后应通过本品种选育,进一步提高其生产性能。

五、西藏牦牛

（一)产　　地

西藏牦牛主要产于藏东南部,其次为藏西北部。藏东南牦牛的体型、生产性能优于藏西北牦牛。

西藏东南部地势险峻,海拔2 100～5 500米,受印度洋暖流的影响,温和湿润。年平均气温7.5℃～8.5℃,极端最低温－16.5℃～ －20.3℃。年平均降水量393.3～849.6毫米,平均相对湿度42％～70％。无霜期为120～178天。草场主要为高山草甸草场,其次为山地草原草场和山地疏林草场,产草量较高,草质较好。西藏东南部也是农林业集中的产区,农作物主要有青稞、小麦、油菜和豌豆等。

西藏西北部地势开阔,海拔在4 500米以上,山地平缓,气候寒冷干旱,年平均气温－0.3℃～－0.4℃,极端最高温21.7℃～24.2℃,极端最低温－31.7℃～－41.2℃。除那曲县、安多县外,年平均降水量在300毫米以下,越向西北降水量越少。狮泉河一带年平均降水量仅为85.9毫米。终年无绝对无霜期。草场主要是高原草原草场、高原荒漠草场,而高山草甸草场等类型分布较少,牦牛分布也较少。除那曲县、安多县外,牦牛在藏西北部的家畜中仅占3％～11％。

(二)来　源

西藏是牦牛的"故乡"或最早驯养牦牛的地区。青藏高原在漫长而剧烈的生成与变迁的过程中,造就了多样性的生物,其中就包括牦牛。

喜马拉雅山山麓和西藏北部目前还存在着相当数量的野牦牛。一般认为牦牛是由野牦牛驯养而来,牦牛驯养的历史和藏族人民的历史有密切的联系。林芝、昌都地区解放后发掘出土的大量文物经考古研究证明,早在4 600年前藏族就在这些地区定居,并发展畜牧和种植业。现在西藏牦牛分布的状况,是历史的自然延续。

受藏东南部山地和藏西北草原生态等条件和当地牧民选

育的影响,所繁育的牦牛在体型外貌、生产性能等方面也不尽相同。在西藏东南的牦牛中,以嘉黎县嘉黎牦牛、亚东县帕里牦牛和墨竹工卡县斯布牦牛最为优良,为西藏牦牛的三大良种。

(三)外　貌

西藏牦牛一般头部稍偏重,额宽平,颜面部稍凹,耳小,眼圆有神。鼻孔开张,鼻翼、嘴唇薄,口方。公牦牛雄性特征明显,颈短粗,鬐甲高而丰满,前胸深、宽,背腰短而平直,尻斜。被毛密长。母牦牛颈薄,鬐甲相对较低而欠丰满,前胸发育好,肋骨开张,背腰稍凹,腹大。

藏东南部山地角向外向上开张,两角尖距离大,角质光泽、细致,无角者占 8%左右;藏西北草原牦牛角多为抱头角,两角尖距离小,角基粗,角质也较粗糙,四肢较藏东南山地牦牛短,被毛较长而厚。西藏牦牛以黑毛色居多,统计 1 603 头,黑毛色占 65.52%,其次为花色占 22.23%,褐色占9.77%,灰色、白色者合占 2.48%。

藏东南山地公牦牛体高为 124.7 厘米,活重为299.8 千克;母牦牛相应为 106 厘米和 196.8 千克。藏西北草原公牦牛体高为 117.9 厘米,活重为 280.7 千克;母牦牛相应为103.5 厘米和 187.2 千克。

(四)生产性能

1. 产肉性能　西藏牦牛的初生重,公犊牛为 11.53～13.7千克,母犊牛为 9.62～12.09 千克。出生到 1 月龄全哺乳(母牦牛不挤奶),平均日增重公犊牛为 226～258 克,母犊牛为 225～330 克;3 月龄平均日增重相应为 193～196 克和199～271 克。6 月龄犊牛日增重仅为 2.9～4.5 克,即进入冷季枯草期,部分犊牛开始停止生长或减重。

斯布牧场屠宰结果:斯布成年阉牦牛(11 头),平均胴体重 206.8 千克,屠宰率为 53.1%;成年母牦牛(6 头)相应为 106 千克和 46.3%。西藏畜牧研究所测定,帕里牦牛活重公牦牛为 318.3 千克,母牦牛为 200.8 千克,眼肌面积分别为 74.46 平方厘米和 47.72 平方厘米,平均屠宰率 50.8%,净肉率 42.3%。眼肌成分:蛋白质 22.56%,脂肪 2.06%。嘉黎牦牛屠宰率为 50.59%,净肉率为 43.02%,眼肌面积为 64.55 平方厘米,骨肉比为 1:4.21。

2. 产奶性能 据随机测定 20 头西藏澎波牦牛中,当年产犊后未妊娠,翌年继续产奶至干奶期的母牦牛,总挤奶日数为 305～396 天,平均每头挤奶量为 137.73～230.18 千克。其中当年 7～12 月份挤奶量占 78.66%～88.01%,翌年 1 月份至妊娠干奶前挤奶量占 11.99%～21.34%。当年产犊挤奶的母牦牛,以 8 月份的挤奶量为最高,平均为 33.39～46.94 千克;7～12 月份平均月挤奶量为 20.2～30.69 千克。

嘉黎牦牛 8～11 月份平均月挤奶量依次为 33.62 千克,28.32 千克,21.20 千克和 13.42 千克;各月平均日挤奶量相应为 1.02 千克,0.94 千克,0.68 千克和 0.46 千克。第一胎母牦牛(5 头)8～11 月份挤奶量为 79.66 千克;第二胎母牦牛(9 头)为 102.77 千克;第三胎母牦牛(15 头)为 97.6 千克;第四胎母牦牛(11 头)为 100.26 千克。

帕里牦牛 8 月份平均日挤奶量 1.22 千克,乳脂率 5.95%。

3. 产毛性能 西藏牦牛在 6～9 月份剪毛(藏北地区在 8 月前后,藏东和藏南地区在 6～7 月份),当年产犊的母牦牛只抓绒不剪毛。澎波农场 1982 年 7 006 头各龄公母牦牛平均每头剪毛量 0.25 千克,绒毛量 0.5 千克;测定嘉黎公牦牛 7 头,平均剪毛量为 1.93 千克,母牦牛 50 头为 0.45 千克,阉牦牛 4 头为 1.7 千克,裙毛长相应为 43 厘米,19.2 厘米和 27 厘米,尾毛长相应为 62 厘米,50.96 厘米和 63.5 厘米。

(五)繁殖性能

公牦牛 2.5 岁时有性反射,但性欲不强,一般 3.5 岁开始配种,以 4.5～6.5 岁配种力最强,利用至 8.5 岁即淘汰。公母牛配种比例为 1:14～25。

母牦牛 3.5 岁初次配种。7～10 月份为母牦牛发情季节,以 7 月底至 9 月初为最多。据在那曲县观测 32 头母牦牛,发情持续期为 16～56 小时,平均为 32.2 小时。观测 26 头母牦牛,有 12 头重复发情,发情间隔时间为 7～29.5 天,平均17.8 天。母牦牛妊娠期为 250～260 天,西藏牧民习惯说法是牦牛妊娠"八个月零十天"。

繁殖成活率为 30.73%～50.8%。西藏嘉黎种畜场 1975～1980 年适龄繁殖母牦牛共 2 358 头,繁活率平均为 48.18%,范围为 43.06%～57%。

西藏牦牛具有耐高寒、抵抗力强等特点,但生产性能低。西藏自治区人民政府及广大牧民,十分重视牦牛的选育,并建立了一批牦牛良种场。例如 1984 年建立的林周县牦牛选育场,从墨竹工卡县和亚东县引进良种公牦牛,同当地母牦牛交配,对提高当地牦牛生产性能起了很大的作用。1988 年建立的西藏当雄牦牛研究中心,科学地调教成功种公牦牛、驯化了野公牦牛,可全年采精,已生产冻精 20 多万粒,用于牦牛人工授精。西藏牦牛生产的潜力很大,应加快对嘉黎、帕里、斯布三大良种牦牛的选育。

六、香格里拉牦牛

(一)产　　地

香格里拉牦牛是云南省迪庆高原的优良牦牛类群。以香格里拉县的大中甸、小中甸、尼汝、格咱、中心镇等地为最多,此外在德钦县和维西县等也有分布。

香格里拉县位于滇西北高原,属青藏高原南延部分,东经99°23′～100°50′,北纬26°51′～28°40′。地势北高南低,北邻四川省乡城县、稻城县,东、西、南部为金沙江环绕,并与云南德钦县、维西县和丽江县相邻。海拔5 000米以上的石戛雪山和哈巴雪山矗立于西部和东南部。

香格里拉牦牛的主要产区,海拔3 000～4 000米,年平均气温5.4℃,极端最高气温21.9℃,极端最低气温－23℃。无霜期128天,年降水量500～700毫米,年蒸发量1 713.4毫米,年平均相对湿度为70%。年平均降雪日为24.8天。

全县有草原及林间草地约33万多公顷,其中可利用面积25.2万公顷。草原以高山草甸草场为主,植被覆盖度在85%以上。草场水源丰富,7～9月间牧草高度为20～35厘米。海拔4 000～4 500米处为高山苔原及高山冰漠带,是牦牛的夏季牧场。

南部金沙江边,海拔1 800米左右,是主要农业区,种植青稞、马铃薯、小麦、荞麦及燕麦等作物。据1990年统计,全县有牦牛(包括犏牛)4.18万头,占牛只总头数的40.4%。

(二)来　　源

香格里拉各族人民特别是藏族人民饲牧牦牛的历史悠久。早在汉代就有饲养牦牛的记载。当地饲养黄牛较多,长期以来,同牦牛进行正、反种间杂交。

香格里拉牦牛产区与相邻的四川省乡城县、稻城县的牦牛经常混牧,长期以来,交界地区的牧民群众有相互交换或购买种牦牛的传统习惯。因此,香格里拉牦牛与四川省交界地区的牦牛有密切的血缘关系,为防止近亲交配、不断选育提高生产性能起有一定的作用。

(三)外　貌

香格里拉牦牛体质结实,体躯粗短,体格大小不一,尼汝、格咱地区的较大;大中甸、小中甸和中心镇的较小。公、母牦牛均有角。眼圆大而有神,耳小,额宽且颜面部稍凹。颈薄且垂皮不明显。胸深,背平直,尻斜,四肢结实,蹄大钝圆,尾较短。

公牦牛头大额宽,角基粗,两角间距离大,角尖多向前向上开张呈弧形。颈较粗,鬐甲稍耸立并向后渐倾,背平直显得较短,十字部微隆起,胸部比母牦牛开阔。母牦牛头较清秀,角细长,角尖多略向后开张呈弧形。颈薄而窄,鬐甲不显著,乳房小,乳头短,乳静脉不发达。

香格里拉牦牛全身黑毛色者居多(统计 946 头)占 62.37%,黑白花次之占 27.48%,其余为全身黑毛而额心、肢端、尾部有白斑或白毛者等占 10.15%。

香格里拉牦牛平均体高,成年公牦牛为 119.0 厘米,活重为 234.5 千克;成年母牦牛相应为 105.2 厘米和 192.4 千克。

(四)生产性能

1. 产肉性能　香格里拉牦牛初生重,公犊牛为 14.53 千克,母犊牛为 12.75 千克。1 岁活重公牦牛为 54.87 千克,母牦牛为 53.9 千克。1~5 岁活重见表 2-11。

表 2-11　香格里拉牦牛初生至 5 岁的活重　（千克）

年龄(岁)	公　牦　牛		母　牦　牛	
	头　数	活　重	头　数	活　重
初生	11	14.53±0.72	14	12.75±0.26
1	62	54.87±9.69	155	53.90±9.85
2	29	85.57±10.09	152	96.52±11.03
3	20	146.14±9.36	35	125.04±8.11
4	21	172.19±9.11	27	151.04±7.36
5	20	205.19±9.28	32	176.80±10.76

成年公、母牦牛胴体重为 92.25～150.8 千克,屠宰率为
45.18%～55.06%,净肉率为 32.31%～48.41%,骨肉比为
1∶2.79～5.41,脂肪重为 2.3～6.8 千克。阉牦牛平均活重
309.13 千克,屠宰率 57.6%,净肉率 45.68%,骨肉比为
1∶4.33。

2. 产奶性能　据段中煊等测定,母牦牛泌乳期为 210～
220 天,日挤奶 1 次,泌乳期挤奶量为 201.6～216 千克,乳脂
率为 6.17%。5 月份、7 月份和 11 月份的乳脂率依次为
6.47%、5.84% 和 6.22%。1 头母牦牛年挤奶量可加工酥油
(黄油)14.4 千克。

3. 产毛性能　香格里拉牦牛每年 5～6 月份剪毛,测定
成年公牦牛 21 头,平均产毛量为 3.55±0.34 千克,成年母牦
牛 139 头,平均产毛量为 1.32±0.33 千克。

(五)繁殖性能

香格里拉牦牛一般 3 岁开始配种,每年 7～12 月份为发
情季节。据姜瑞生等报道(1985 年),9～11 月份为发情旺季。
发情周期约为 19 天,发情持续期约为 21～48 小时,妊娠期为

255 天左右。5～7 月份为产犊旺季,其中 38.2% 的母牛在 6 月份产犊。香格里拉牦牛初胎产犊年龄较晚,平均为 5.38 岁,3 年产 2 胎或 1 年产 1 胎,一般 2 年产 1 胎。

公牦牛 4 岁开始配种,6～9 岁为配种盛期,一般 9 岁后淘汰。适龄繁殖母牦牛的繁殖率为 65.99%,犊牛成活率为 92.87%。

香格里拉牦牛是云南省迪庆藏族自治州的重要畜种,应建立选育基地,创造较好的饲养管理条件,提高生产性能。

七、新疆巴州牦牛

(一)产 地

新疆巴州牦牛(下简称巴州牦牛)产于新疆维吾尔族自治区巴音郭楞蒙古自治州的和静县、和硕县、博湖县、焉耆回族自治县、若羌县和且末县。以和静县为最多。

巴音郭楞蒙古自治州位于新疆的东南部,东经 83°～93°56′,北纬 36°11′～43°20′。天山屏障于北,阿尔金山横亘于南,塔里木盆地的东半部袒露于两大山脉之间。草原面积 860 万公顷,约占全州总面积的 1/5。境内高山终年积雪,因而水源丰富。

巴州牦牛的中心产区为和静县,因此又称和静牦牛。以和静县的巴音布鲁克、巴伦台地区为分布较集中的地区,尤其是巴音布鲁克的大、小珠勒都斯盆地是和静县草原的主体(占全县草原面积的 64.4%)。该盆地平均海拔为 2 500.3 米。四周高山环抱,冷空气由于单位体积重量大,不断沿山坡向盆地低处流动,把较热的空气抬高,在海拔 3 000 米左右的山谷形成逆温带。由于盆地积雪达半年之久,日光反射系数高,致使盆地气温更低,冷空气受四周群山的阻挡,不易对流,因而形成盆地冷季的严寒气候。年平均气温-4.5℃,1月份平均气温-26℃,年极端最低气温为-48.1℃,7月份最高气温为10.4℃,无绝对无霜期。年平均降水量278.9毫米,年平均风速2.2~3米/秒。天然草原(海拔2 400~3 000米)平均产鲜草量为1 974~3 403.5千克/公顷。

(二)来　源

巴州牦牛是从西藏引进的,最早繁育在和静县,以后由和静县逐步扩散到其他地区,因此有新疆牦牛来源于和静牦牛之说。

据报道,约在1920年,住在和静县的蒙古土尔扈特部第二十七世汗王(名满楚克加布)的叔父森勒活佛,到西藏去拜佛,返回时从西藏购买牦牛206头(其中公牦牛6头),在长途驱赶中损失牦牛30头,即引进牦牛176头,在和静县巴音部落(今巴音布鲁克区)饲牧繁育。

巴州牦牛是蒙古族和各族牧民,经过80多年的辛勤选育,自群繁育,在特定的自然环境下形成的一个具有共同来源、体型外貌较为一致、产肉性能良好、适应性强的牦牛类群。

1981年和1988年和静县两次从青海省大通牛场引进种公牦牛210余头,以更新当地牦牛的血液。

(三)外　貌

巴州牦牛体格大,头较重而粗,额短宽,眼圆大,额毛长而卷曲,但不遮盖双眼。耳小稍垂,鼻孔大,唇薄。观测193头牦牛,有角牦牛占77.27%,无角牦牛占22.73%。角细长,尖锐,自基部向两侧、再弯向前方伸出。颈薄,头颈结合良好。体躯长方,鬐甲稍高,胸部宽,腹大。后躯发育中等。尻斜,尾短而毛长。四肢粗壮而有力,关节圆大,蹄小,质地坚实。全身被毛长,黑毛色占 47.37%,黑白花占 17.54%,褐色占 10.54%,灰色占 8.77%,白色占 5.26%,杂色占 10.52%。

巴州牦牛平均体高,成年公牦牛为 126.8 厘米,成年母牦牛为 110.7 厘米,平均活重相应为 361.2 千克和 251.7 千克。

(四)生产性能

1. 产肉性能

巴州牦牛平均初生重,公犊牛为 15.39 千克,母犊牛为 14.42 千克;1 岁牦牛平均活重公牦牛为 68.76 千克,母牦牛为 71.58 千克,平均日增重相应为 146.22 克和 156 克。

屠宰阉牦牛 9 头,宰前活重为 237.78 千克,屠宰率为 48.61%,净肉率为 31.97%,骨肉比为 1:1.92。巴州牦牛初生至 4 岁活重见表 2-12。HJ0 ⌋

表 2-12　巴州牦牛初生至 4 岁的活重 （千克）

年龄 （岁）	公　　牦　　牛		母　　牦　　牛	
	头　数	活　重	头　数	活　重
初生	13	15.39	9	14.42
1	13	68.76	21	71.58
2	18	139.30	13	117.08
3	4	219.16	11	188.36
4	3	281.23	23	218.61

2. 产奶性能　巴州牦牛在终年放牧的条件下,一般挤奶期为 120 天(即 6～9 月份),日挤奶 2 次,测定 28 头产奶母牦牛,平均日挤奶量为 2.56±0.08 千克。每 100 千克奶产酥油为 8～12 千克。

3. 产毛性能　每年 5～6 月间剪毛和抓绒。巴州牦牛平均产毛量为 1.34 千克(范围 0.5～3 千克),平均产绒量为 0.43 千克。

粗毛平均毛股长,颈、鬐甲、肩部平均为 18.67 厘米,腹部为 21 厘米,尾毛为 51.17 厘米。

(五)繁殖性能

母牦牛一般 3 岁时初次配种,每年 5～11 月份为发情期,空怀母牦牛发情较早,当年产犊的母牦牛发情迟或当年不发情,膘情好的母牦牛多在产犊后 3～4 个月发情。

发情周期,据和静县巴音布鲁克区幸福牧场观察,母牦牛发情后,经 3～5 天重复发情的占 7.6%,经 6～10 天的占 20.1%,经 11～15 天的占 17.4%,经 16～20 天的占 30.6%,经 21～25 天的占 20.1%,经 26～30 天的占 4.2%。

发情持续期,据报道平均为 32 小时(16～48 小时)。8 岁以上母牦牛发情持续期有偏长的趋势。

发情率一般为 58%(49%～69%),其中当年产犊挤奶的母牦牛发情率仅为 37%,约有 2/3 不发情。

妊娠期,据巴州种畜场统计资料,平均为 257 天(224～284 天)。

公牦牛一般 3 岁进行初配,4～6 岁配种力最强,8 岁后因配种力弱而淘汰。3～4 岁的公牦牛在配种季节每头可与 15～20 头母牦牛交配。

巴州牦牛经过在产地生态条件下长期严格选育,成为一个具有共同来源的优良类群。外貌较为一致,生产性能良好,适应性强,并不断推广到新疆牦牛产区。

第三章　牦牛的繁殖特性和人工授精

一、公牦牛的繁殖特性

(一)初配年龄

牦牛的性成熟、初配年龄依饲牧条件及所处的生态环境等的不同而有较大的差异。公牦牛一般10~12月龄时,具有明显的性反射,但多数不能发生性行为。

公牦牛在2岁时具有配种能力,但实际在母牦牛群中参与初配的年龄为3.5~4岁。牦牛一般为自然交配,公牦牛配种年龄为4~8岁,配种年限为4~5年,8岁以后体质及竞争力减弱,很少能在大群中交配,应及时淘汰。

(二)提高公牦牛的交配能力

在自然交配的情况下,平均1头种用公牦牛配种负担量,即公、母比为1:12~14头。负担母牦牛15头以上则嫌多,影响受胎率。

同黄牛(普通牛)相比,公牦牛的交配力较弱,其主要原因是求偶行为强烈,性兴奋持续时间长,在母牦牛发情和配种季节每天追逐发情母牦牛,或为争夺配偶和其他公牦牛角斗,体力消耗很大,采食时间减少,依靠放牧难以获得足够的营养物质,使公牦牛交配力下降。

为了提高种公牦牛的交配力,在配种季节应对公牦牛实施控制措施。如将公牦牛从大群中隔出,在距母牦牛群较远处系留(用长绳拴系)放牧或在围栏中放牧,根据发情母牦牛的数量有计划安排公牦牛投群配种,保证在配种季节有足够的公牦牛参配;有条件的地区对交配力强的公牦牛,每天补饲一定量的牧草或精料;对投群交配时间长、体质乏弱或交配力下降的公牦牛,可从母牦牛群中隔出,系留放牧或补料、休息1~2周,视恢复情况再投群配种;老龄公牦牛,体大笨重,不易爬跨,站在发情母牛旁或牛群中霸而不配,虽然还保留成年强者的地位(在群中居优胜等次),使其他公牦牛不敢靠近,但交配力很差,所以对老龄公牦牛应及时淘汰(或去势),否则会造成更多的母牦牛空怀。

二、公牦牛采精及精液品质

(一)采精公牦牛的调教

1. **调教时期的选择** 对成年公牦牛,应在天寒草枯、公牦牛在一年中乏弱的时期调教,以饲草料为诱饵,拴系管理,逐步调教。对幼公牦牛从犊牛人工哺乳或舍饲阶段开始调教,效果更为理想。

2. **调教方法** 选用有饲牧牦牛经验、熟习牦牛习性的牧工为专门的调教员。要求调教员体健、胆大、责任心强。用饲养诱食的方法来接近,逐步将绳索套于公牦牛颈部进行拴系管理。

拴系管理后,逐步靠近牛体,进行抚摸、刷拭,调教员在饲养管理工作中要穿固定的工作服。为消除采精及使用假阴道时公牦牛的恐惧,调教员在饲养管理中常手持形似牛假阴道的器具,使公牛熟习采精器械。在人、畜建立一定的感情后,在刷拭牛体的同时,逐步抚摸睾丸、牵拉阴茎及包皮,并在远处(牛视线内)置饲草,牵引公牦牛采食,并多次重复。

对未自然交配过的公牦牛,在调教中要使其逐步接近、习惯采精架,将发情母牛固定在架内进行交配。在爬跨交配的同时,调教员可同时抚摸牛的尻部、臀部及牵拉阴茎、包皮等。在自然交配2次后,即进行假阴道采精训练。采精工作最好由调教员担任。

(二)采精方法

采用假阴道法,按黄牛种公牛采精常规进行,假阴道的内压要比普通牛种公牛的稍大,假阴道内壁温度39℃～42℃(四川甘孜州),42℃～45℃(甘肃天祝县)。台牛要用发情母牦牛。牵公牦牛缓慢接近采精架,引起性兴奋。采精员持假阴道在架右侧等候,待公牦牛爬跨台牛,采精员靠近台牛并用左手扶助公牦牛的阴茎包皮,将阴茎插入假阴道,数秒即射精。

采精场内要安静,防止喊叫和非采精人员观看。通往采精架的通道决不能有任何障碍或其他不熟悉的堆置物。公牦牛一经爬上发情母牦牛(台牛),注意力集中于交配,无攻击人的行为,采精员要沉着、敏捷地操作,假阴道温度、压力、润滑度须正常,即可顺利采得精液。

(三)公牦牛的精液品质

2000年11月天祝白牦牛育种实验场,对2头天祝白牦牛的种公牦牛采精结果:射精量为0.5～2毫升,精子数8亿～13.4亿/毫升,活力0.7～0.9。制作细管冻精371支。

1989年8～9月份甘孜州家畜改良站,对4头九龙公牦牛22次采精结果:平均射精量1.77～1.79毫升,精子数15.8亿/毫升,活力0.83,畸形精子率7.73,pH值6.84。制作颗粒冻精1 176粒。解冻活力为0.3～0.45,符合配种要求。随机配种母牦牛52头,受胎率为75%。

三、母牦牛的繁殖性能

（一）初情期及初产年龄

母牦牛的初情期及初产年龄，各地或同一群体的个体之间有一定的差异。在很大程度上依犊牛所处的生态及培育条件为转移。在产犊季出生早，暖季哺乳及采食期长、生长发育快或活重大者初情期早。否则会推迟初情期，拖后繁殖而造成经济损失。初情期一般在 1.5～2.5 岁，即在出生后第二或第三个暖季初次发情。以 3 岁发情配种、4 岁产第一胎的母牦牛为最多。陈友康等报道(1994)，四川省若尔盖县母牦牛初产年龄 3 岁的占 25.4%，4 岁的占 55.6%。

（二）发 情

在一昼夜里，母牦牛发情开始的时间，多在早晚凉爽的时候，6～9 时的占 46.7%，19～22 时的占 26.7%。雨后阴天出现发情的较多。

母牦牛在发情初期，神态不安，放牧中采食减少，外阴轻微肿胀，阴道呈粉红色，阴门流出少量透明如水的黏液。喜爬跨别的母牦牛，喜与育成公牛追逐，但拒绝公牛爬跨。

发情中期或旺期，一般出现在发情后 10～15 小时，外阴明显肿胀、湿润，阴门流出蛋白样黏液。举尾频尿或弓腰举尾。放牧牦牛很少采食，主动寻找成年公牛，或成年公牛追逐不离，公牦牛爬跨时举尾、安静站立欲接受交配。交配后母牦牛后躯被毛上有粪土、蹄印等明显痕迹。

发情末期，上述特征逐渐消失，神态、采食趋于正常，外阴肿胀消退，黏液变稠呈现出草黄色。发情结束后，部分母牦牛阴道排出少量血液。据谢荣清报道(1992)，情期发生流血的母牦牛占发情牛的47.8%(其中以青年母牛占的比例较大),占受胎牛的49.3%,受胎率为47.6%,与同期受配母牦牛的受胎率相同。一般发情母牦牛阴道排血出现在发情后1～4天,此时不宜再交配或人工输精,因血液对精子会产生凝集而影响运行。

1. **发情季节及发情率** 母牦牛的发情季节,是产区一年中牧草、气候最好的时期。多在7～11月份,以7～9月份为发情旺季。青海省大通牛场7～9月份的气温为6.9℃～13.9℃,雨量充足,牧草丰盛,牦牛的营养状况处于全年最好的季节,68.7%的适龄繁殖母牦牛发情。当年未产犊的干奶母牦牛,最早在6月25日就开始发情,而且多集中在7～8月份;当年产犊带犊挤奶的母牦牛,最早在9月5日开始发情,多集中在9～11月份。

据报道,母牦牛的发情季节随海拔的升高而推迟。在海拔1 400米处母牦牛开始发情的时间为5月29日;2 100～2 400米处为6月10～15日;在3 000～3 800米处为6月25日;西藏自治区那曲县门堆地区海拔为4 570米,7月初个别母牦牛才出现发情。

在发情季节内适龄繁殖母牦牛的发情率为50%～60%,依母牦牛体况、是否带犊、哺乳和挤奶的不同而不同。在青海大通牛场母牦牛的发情率为55.8%,其中干奶母牦牛为84.3%,当年产犊并挤奶的母牦牛仅为36.5%。

2. **发情持续期及发情周期** 母牦牛发情持续期为16～56小时,平均32.2小时,比普通牛稍长。幼龄母牦牛发情持续期偏短,平均为23小时,成年母牦牛偏长,平均为36小时。气温高而无雨的天气(7月份平均气温14.2℃)时发情持续期延长;发情时遇雨天、阴天则变短。

母牦牛在发情终止后(不再跟随或接近公牦牛)约 12 小时(5～16 小时)排卵。在人工授精时,必须注意观察,防止错过受精时机而不孕。为提高受胎率,应在发情开始后 12 小时输精 1 次,隔 12 小时后再输精 1 次。对此有几句顺口溜:"牛发情,有特点,持续期,时间短,情终后,才排卵,配一次,不保险,配两次,隔半天"。

发情周期又叫性周期,指母牦牛出现发情,然后消失,如未交配或交配未孕,经过一定时间又发情或重复发情。母牦牛发情周期一般为 21 天。青海大通牛场母牦牛(观测 53 头)发情周期平均为 22.8 天;甘肃山丹马场母牦牛(308 头)平均为 20.1 天;四川省红原县(1 184 头)为 20.5 天。

(三)母牦牛同期发情的处理方法

对母牦牛发情周期进行同期化处理的方法叫同期发情。它是利用某些激素制剂人为地控制并调整一群母牦牛的发情周期进程,使其在预定的时间内集中发情或排卵,并有计划地组织配种,缩短配种期,逐步调节产犊季节或使其相对集中产犊。不仅可以提高繁殖率,促进幼牦牛的生长发育,而且便于牦牛生产中冻精配种工作的组织和牛群饲牧管理工作。

1. 孕激素埋植法

(1)装药小管的制备及灭菌 选用无刺激性的塑料细管或鸡羽根(内径 2 毫米),截成 15～18 毫米的短管,管壁用大头针烫刺 20 个小孔,并将短管的一端稍加热压成细缝,但不封住(鸡羽毛根用其自然形状)。小管装药前浸泡于 70% 的酒精中 2～4 小时灭菌,然后取出置于消毒纱布中吸去酒精待装药。

(2)装药及埋植 每只小管装药量依孕激素的种类不同而异。18甲炔诺酮装量为 20～25 毫克,一般混入等量的消炎粉,充分研细、混匀。用消毒镊子夹细管装药,按药量装入,不要挤压。最好在现场边装边埋植。

将母牦牛放倒保定,头、颈保定牢靠。在牛耳正中下端剪毛并涂碘酒,用套管针(内径与埋植药管外径一致)向耳根方向刺入皮下及耳软骨之间,深约 25 毫米(或比小管稍长),将小管放于套管内,小管开口向上,用直径相当的秃头细棒将小管插入或埋植于皮下,然后用手指在皮肤外面借触感按压小管,同时抽出套管及细棒,用碘酒涂伤口。

(3)注射药物 为提高同期发情的效果,在埋植药管的同时,可肌内注射同一孕激素混悬液 1 毫升。

(4)取埋植药管 埋植 10～12 天以后取管。取管时,仍将母牦牛放倒保定,用手术刀在药管开口端切一小口,并用手指挤出药管,不要用力过猛,以免将管内药物挤出,仍残留于皮下。

取出药管后,可肌内注射孕马血清促性腺激素 500～800 国际单位,或促卵泡 2 号 100 微克,以提高催情效果。

(5)定时输精 取管后 48 小时,72 小时,84 小时各输精 1 次。或经发情检查后定时输精。

2. 前列腺素注射法 分肌内注射和子宫颈注入(用输精导管直肠把握注入)两种。肌内注射操作简便,省力并效果较好,但用药量多;子宫颈注入用药量少,效果也明显。

用前列腺素(PGS 或 PG)进行同期发情处理时,只有当母牦牛存在功能黄体时期才能产生发情反应。对新生黄体,前列腺素并无溶解作用。因此,用前列腺素处理后,对有发情反应的即进行配种,无反应的需进行第二次处理。

(四)妊娠与分娩

1. 妊娠与分娩 牦牛的妊娠期为 250～260 天(怀公胎

儿为 260 天,母胎儿为 250 天)。蔡立报道(1992),解剖观察 38 头母牦牛(其中妊娠 1～4 月的为 17 头)的生殖器官,发现孕于左侧子宫角的(11 头,占 64.7%)多于右子宫角(6 头,占 35.3%)。孕角侧卵巢比空角侧卵巢明显增大,且表面有黄体而稍凸,孕角侧输卵管也明显变粗。

母牦牛母性行为很强,妊娠后期比较安静,一般逃避角斗,行动缓慢,放牧多落于群后。临近分娩时,喜离群在较远而僻静的地方产犊。当犊牛出生后,母牦牛舔净犊牛体表的黏液,经过 10～15 分钟犊牛就会站立(一般站不稳),并寻找哺乳。母牦牛发出一种依恋、温和的哞叫声,一直等犊牛哺乳安静后,母牦牛才能自己采食。刚产过犊的母牦牛,喜带犊牛离群游走,卧息于远处,一般不主动归群,放牧员如不及时发现赶回,夜间犊牛容易遭狼等兽害。大多数母牦牛在白天放牧过程中在草地上分娩,夜间分娩的较少。因难以接近助产,脐带一般自行扯断。难产很少。蔡立(1976～1981)在四川统计 861 头分娩母牦牛,难产率为 3.3%,孪生率为 0.5%。

母牦牛在哺乳期间,具有很强的保护、照料犊牛的行为。同普通牛种母牛相比,母牦牛对犊牛的保护、占有行为强烈,特别是哺乳初期,如犊牛受生人或其他家畜的干扰时,母牦牛会挺身而出,保持防御反射或攻击人、畜。

2. 产犊率 妊娠母牦牛的产犊率较高。西藏畜牧科学研究所统计妊娠母牦牛 971 头,产犊率为 94.6%;四川向东牧场的产犊率为 94.1%;青海大通牛场的产犊率为 85.9%。

妊娠母牦牛流产、死胎等中止妊娠的比例为 5%～10%,很少有难产,生殖系统疾病也较少。但也不能忽视保胎工作。引起胎儿死亡、流产的原因较多,有体质和抵抗力(膘情、健康状况)弱的原因,也有机械性(拥挤、滑倒摔伤及殴打等)损伤和细菌性(布氏杆菌病、喂发霉饲料)侵染等原因。众多的因素中,内因是母牦牛的体质和抵抗力,其他属外因,即外因只有通过内因才能起作用。因此,保胎或提高产犊率的关键是搞好妊娠母牦牛的饲养管理和增强其抵抗力。

四、人工授精技术

(一)参配母牦牛的组群和管理

参配母牦牛的组群时间,依据当地的生态条件而定,应在母牦牛、犏牛发情季节前1月内完成,并从母牛群中隔离公牦牛和公黄牛。

参配母牦牛、犏牛应选择体格大、健康结实的经产牛,最好是当年未产犊的干乳牛。参配母牦牛的数量应根据配种计划确定,一定要考虑到人工授精点的人力、物力条件。配种季节配1头母牦牛,平均需冷冻精液4～6支(粒)。

配种点应设在交通、水源方便,参配牛群较集中及放牧条件较好的地区。配种操作室或帐篷应与食宿帐篷分开。

参配牛群最好集中放牧,及早抓膘,促进早发情配种和提高受胎率,也便于管理。参配牛群应选择有经验、认真负责的放牧员放牧及准确观察和牵拉发情母牦牛。产过种间杂种的母牦牛群,使其相对固定为参配牛群,除每年整群进行必要的淘汰、补充外,一般不要有大的变动,因这些牛只一般受胎率较高,具有对人工授精操作的条件反射,容易开展工作或减少捉拉牛、输精等方面的劳力及事故。

一个输精点或一些牛群,最好用一个品种的冻精配种,以便于以后杂种牛的交叉杂交、测定杂交效果,防止近亲交配。既便于配种管理,而且可以形成商品生产优势和更好地组织饲牧管理工作。

冷冻精液配种的时间不宜拖得过长,一般 70 天左右完成。在此期间要严格防止公牦牛混入参配牛群中配种(夜牧也要有人跟群放牧)。人工授精结束后,放入公牦牛补配零星发情的母牦牛。这样做可以大大降低人力、物力(液氮、药品等)的消耗,提高经济效益。

(二)液氮容器的保养和维护

1. **液氮容器(或液氮罐)内部的洗涤与干燥** 液氮罐在使用过程中,罐内会逐渐积水、杂菌繁殖,也有精液落入,有时也会出现腐蚀现象,降低使用期或发生事故。因此,每年必须清洗、干燥内部 1～2 次。具体做法为:从容器内取出提筒(将冷冻精液移入另一容器内),倒出液氮放置 48 小时,使内部温度回升到 0℃左右;用 40℃～50℃ 温水(禁止水温在 60℃ 以上)配以中性去垢剂,注入容器内,然后用软布擦洗;用清水冲洗,倒置于木架上,使其自然风干备用。容器无论盛液氮与否均不得在日光下曝晒、置于火炉旁或炕头边;风干的容器(或新购的容器)盛液氮时,先用少量液氮对容器进行预冷,要让容器内蒸发的氮气顺利排出,然后注入液氮。

2. **使用中不能碰撞、倾倒** 液氮容器内、外壳之间存在着真空夹层,内胆经常处于向外的大气压力下,外壳则相反。这种压力是很大的,容器虽有一定的强度,但使用过程中要十分小心,切不可碰撞、冲击,使容器凹陷、损伤,轻者可能降低性能,重则报废。为防止碰撞,要加厚软的外套保护。草原上用驮牛(阉牦牛)驮运容器时,最好放在专门的木箱里并用塑料或干草垫好。

使用绕性软管往容器中注入液氮、装入提筒及盖塞时,要十分小心操作,防止弄伤颈管。如果操作粗暴,造成盖塞损伤严重,会增加液氮蒸发损失或不能固定提筒位置,甚至使盖塞从黏接处脱落。

(三)冷冻精液的提取、验收、运输和贮存

1. 冷冻精液的提取和验收 输精点及时向提供冻精的单位(或种公牛站、冻精站)提取有关品种公牛的冻精,分别按品种、公牛号、制作日期、批号等分装入液氮容器的提筒内,并分别系牢标笺,以免发生错乱。供冻精的单位应填写冻精出售单据,写明上述公牛号及数量(或支数)及冻精的质量指标或标准,必要时进行活力检查。

2. 液氮容器或冻精的运输和贮存 无论用何种运输工具运输液氮容器,要加外套、毯垫或胶垫,要用带子结实固定。车辆运行要平稳,尽量减少颠簸,防止倾倒或碰撞。

贮存冻精的液氮容器,应放在阴凉且距火炉较远的地方,由专人管理。液氮减至容器的1/3时,应补充液氮。减量程度能开盖看出(用手电筒照明),但为了减少开盖次数,应给每一容器贴上重量表,每隔3～5天称重1次,并做好消耗记录,以便及时补充液氮。

从液氮容器中提取冻精要迅速,动作要轻和稳妥,存放冻精的提筒提出或放入不可用力过强。颗粒或0.5毫升细管冻精,在容器外停留不得超过5秒钟,如向另一容器中转移、分装等需时间较长时,应在广口液氮容器中浸泡下处理,否则会严重影响冻精的质量。

(四)冷冻精液的解冻

冻精解冻操作应在帐篷或室内进行,不允许在露天或圈地上操作。要经常保持帐篷内(或室内)的卫生,操作时严禁吸烟、生火炉等,防止烟、尘污染或危害精液。工作人员要清洗、消毒双手,穿清洁的工作服。

解冻需两人协作，一人加温解冻液，另一人从液氮罐中取冻精。取一支或数支经灭菌的玻璃试管（或盛过青霉素的小瓶），按发情配种母牦牛头数计量注入解冻液（2毫升/头）。再将加解冻液后的试管或小瓶，浸入事先准备好的盛有开水的烧杯或瓷杯内加温（注意开水不得淹过试管或小瓶口），用温度计测量试管内稀释液温度至38℃～40℃时，立即用竹夹子或金属无钩镊子（在液氮罐口先预冷数分钟），取出所需的冻精颗粒，投入到解冻液中，摇动数秒钟使其迅速解冻，然后快速进行活力检查，精子活力在0.3以上即可用于输精。

（五）输　精

1. **发情母牦牛的保定**　套捉、牵拉发情母牦牛进入保定架内输精费时费力，有些性野的母牦牛4个全劳力协同牵、赶，仍难以进入保定架，有的鼻镜系绳或用牛鼻钳时，甚至扯断鼻镜而逃。发情母牦牛牵入保定架后，要拴系和保定好头部，左右两侧（后躯）各有一人保定，防止牛后躯摆动。保定不当或疏忽大意，容易出事故。保定稳妥后方可输精。

草原上使用的配种保定架，以实用、结实和搬迁方便为好。以四柱栏比较安全和操作方便。栏柱埋夯地下约70厘米，栏柱地上部分及两柱间的宽度，依当地牦牛体型大小确定。

2. **输精**　输精前要准备好各种用品，如经洗涤消毒干燥的输精管、纱布、水桶、肥皂、毛巾等。

将解冻精液按输精剂量吸入输精管。为避免高原强紫外线、寒冷天气等对精子的危害，将吸有精液的输精管用纱布包好，置于牛用假阴道内，在橡胶内胎夹层加25℃的温水保温。或制一输精管保温箱，箱为两层，下层置一热水袋，加温水保温，上层放输精管，在临输精前现场取用。

输精员要将指甲剪短磨光，手臂洗净消毒，戴好长臂乳胶手套,穿工作服、长筒靴、围裙,以防人、畜共患病传染。

要求输精剂量准确(冻精颗粒1粒,解冻液2毫升,或细管冻精1支)、冻精质量合格。输精要适时,每一情期输精2次,以早、晚输精为好。

采用直肠把握子宫颈输精法,做到"慢插、适深、轻注、缓出",防止精液逆流。

输精员用手(一般用右手)轻轻刺激母牦牛肛门排粪,然后伸入肛门掏直肠宿粪后,另一人用清水冲洗肛门和阴门,并用生理盐水冲洗。输精员用没伸过直肠、干净的手持输精器由阴门插入,先向上斜插,避开尿道口,然后平插至子宫颈口。同时伸入直肠的手指隔直肠壁把握子宫颈并稍提持平(母牦牛的子宫颈比普通牛的短,长约5厘米,有软骨性感触),此时两手协同动作,通过感触,两手配合,将输精器慢慢插入子宫颈口内(子宫颈内壁一般有3个子宫颈环,每一环上有大小不等的紧缩皱襞),将精液注入子宫内,然后抽出输精器,再用伸入直肠中的手按摩一下子宫,刺激子宫收缩,将手抽出。

牦牛子宫颈距阴门近(阴门距子宫颈外口的长度为22.5厘米),子宫颈壁硬,子宫在骨盆腔内的流动幅度小,通过直肠较易把握住子宫颈,但子宫颈内壁有明显的3个子宫颈环。环上,特别是外环,皱襞多、细小且紧缩。直肠把握子宫颈输精时,向子宫颈插入输精器比较困难,一定要细心、缓慢,以免刺破出血,影响受胎率或导致炎症等。

给母牦牛输精的过程中,工作人员要密切配合,特别要注意安全,严防人、畜受伤,或输精器折断于母牦牛阴道或子宫内等事故。输精后要仔细进行输精受配母牦牛的登记及器械、用具的清洗和消毒工作。

五、提高牦牛发情率的措施

在高山草原生态环境条件下,适龄繁殖母牦牛并不全部发情,发情配种之后,不能全部受胎,受胎母牦牛不能全产,所产犊牛难以全活,因此,牦牛的繁殖成活率较低。分析母牦牛在繁殖过程中的各个环节,即影响繁殖成活率的各项指标中有发情率、受胎率、产犊率和犊牛成活率4项。在这4项指标中,影响最大的是母牦牛的发情率。不仅是因为发情率在4项指标中比较低,关键是因为发情率是基础指标。它在提高繁活率中起到主导作用。母牦牛和犏牛中,发情率最低的是当年产犊哺乳兼挤奶的母牦牛,这类牛也是提高发情率的重点,如果将其发情率提高到干奶母牦牛的水平,则整个牛群的繁活率就会提高1倍左右。

加强放牧管理及冷季补饲,使母牦牛维持适当的膘情,是保证母牦牛正常发情的前提。此外,在进入冷季后,对老弱、生殖系统有病和两年以上未繁殖(包括连续流产)的母牦牛应清理淘汰,以节约补饲草料。对已妊娠带犊的母牦牛,要打破传统的不断奶的习惯,使妊娠母牦牛在分娩前干奶(或断奶)。当年产犊的母牦牛,对膘情差、犊牛发育弱、奶量少的不挤奶,抓膘复壮,使其能尽早发情;对4月份前产犊的母牦牛,一般不立即挤奶,待采食上青草后再挤奶。暖季采取"不拴系,早挤奶,早出牧,夜撒牛(放牧)"的措施,促其早复壮而发情配种。有条件的地区,还可从当地兽医站购药物催情或采取同期发情处理。

第四章　牦牛的本种选育

一、本种选育的目的和原则

(一)本种选育的目的

牦牛本种选育也叫纯种繁育，通过对一个牦牛类群或群体内公、母牦牛的选种、选配和改善饲养管理，不断提高生产性能和体型外貌，使其更适合牧民或市场的需要。

本种选育是从内因入手来提高牦牛生产潜力的重要措施，虽无种间杂交见效快，但积极开展这项工作，会达到提高性能的目的。因此，忽视本种选育工作是不对的。在牦牛生产中，实际并不需要群体中的全部个体都参与到繁殖后代的过程中，必须是有选择地繁殖，即进行选种，让基因型优秀或高产的个体多繁殖后代，借以增加后代群体中高产基因的组合频率。也就是说，选择高产或优秀公、母牛进行繁殖，执行严格的淘汰制度，才能不断提高和发挥群体的遗传潜力。一个牛群，大到一个类群，都是规模不同的群体，其生产性能的高低，取决于高产基因型在群体中的存在比例。选种和淘汰都能改变这一比例，是一个事物的两个方面，只不过选种着眼于未来，淘汰立足于现在。根据牦牛的生物学特性和从经济效益方面考虑，对公牦牛着重进行积极的选种，对母牦牛则采取消极的淘汰。

我国牦牛的优良类群，是长期经过牧民群众的本种选育和生态环境条件(包括饲牧条件)的影响下形成的。类群中个体的生产性能、体型外貌有一定的差异或参差不齐,进行本品种选育,完全可以得到进一步的提高或达到基本一致。

(二)本种选育的原则

在纯种繁育的基础上,保持和提高牦牛优良类群原有的生产性能和特性,不断克服存在的缺点,形成稳定的遗传性或能稳定地遗传给后代,使其更适合国内外市场的需要。如天祝白牦牛、九龙牦牛等,生产性能、外貌有其独特的性状,但还有一定的缺点,生产性能也较低,只能通过较长时期的本种选育增加群体中良种的数量,才能不断提高生产性能。

确定选育方向,制订本种选育计划和选育标准,深入细致地进行选种和选配,始终坚持既定的目标进行选育。如当代欧洲肉牛的一些著名品种,是由原来的役用牛,经百年以上向肉用方向选育而成。我国牦牛中的优良类群,多由个体来源相同,生态及饲牧条件基本一致的牛只构成,在有的产区即使没有近亲繁殖,也往往会得到与近亲繁殖相似的结果,即后代的生活力降低,体格变小,生长缓慢等现象。因此,在牦牛的选育中,要采用现代的畜牧技术,进行严格的选种、选配。特别是选育核心群,对种用公、母牦牛要进行认真、科学的选种、选配。对优秀公、母牦牛要采用冻精人工配种和冷冻胚胎移植等技术扩大繁殖,加快本种选育效果。

牦牛选育的效果,是遗传与环境或内因与外因共同作用的结果。因此两者都要兼顾,不可偏废。牦牛的生产是在自然环境下进行的,饲草、饲料是首要的限制因素。培育草原,解决冷季补饲的草料,创造良好的培育条件,才能充分发挥牦牛的遗传潜力。

二、牦牛的体型外貌评定方法

(一)牦牛体表各部位的名称

这里是指牦牛体表各部位在畜牧学上的名称,主要用于评定牦牛的体型外貌,研究牦牛体表各部位的形态特征等。牦牛体表各部位名称见图4-1。

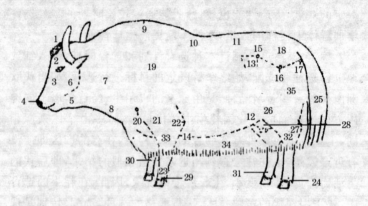

图4-1 牦牛体表各部位名称

1.项脊(枕骨脊) 2.额 3.鼻梁 4.鼻镜 5.下腭 6.颊
7.颈 8.垂皮 9.鬐甲 10.背 11.腰 12.腹 13.肷
14.胁(左前胁) 15.腰角 16.臀角(髋关节) 17.臀端(坐骨结节)
18.尻 19.肩 20.肩端 21.上膊(臂) 22.肘 23.管
24.悬蹄 25.尾 26.后膝 27.飞节 28.乳房 29.系 30.前膝
31.球节 32.小腿 33.前膊 34.裙毛(缨毛) 35.臀

(二)牦牛体表各部位的特征与要求

外貌是牛体结构的外部表现,是牦牛本种选育工作中选种的项目之一。因为牛的内部结构和外貌特征及其生产性能之间有着直接或间接的关系,彼此联系或相互制约,反映出牛体是一个统一的整体。因此,通常用外貌来评定牦牛群或类群中的个体在育种上或经济上的价值。

由于各族牧民对牦牛的长期选育和各地生态环境及社会经济条件等的不同影响,使各地的牦牛(或不同的类群)都具有一定的外貌特征,而且同其特定的生产方向和经济用途相适应。也就是说,不同地区的牦牛,不仅在外貌上有一定的差异,而且在新陈代谢和生理机能,以及对生态环境的适应性上也存在着差异。就同一类群的牛群而言,虽有代表其基本特征的外貌,但个体间仍有不同程度的差异(或变异)。所以要对牦牛个体的外貌差异能够识别和评定出优劣,选育出符合本种选育(或育种)所要求的较理想的牛只,以加速本种选育的步伐。

1. 头与颈

(1)头 从耳根至下腭后缘的连线与颈分开。头是牛全身的缩影,牛种、品种或类群的特征在头部表现得尤为突出。

头的类型可分长、短、宽、窄等,或指头与体躯的相对比例。母牦牛的头长一般为 40 厘米,占体斜长的 37.5%,蒙古牛为 29.4%,西门塔尔牛为 36.8%,可见牦牛的头属偏长的类型。要求头的大小要与体躯相称,如果体小头大或相反,均属外貌缺点。要求眼圆大、明亮而有神。口宽、唇薄、上下唇吻合良好,采食灵活。鼻孔大,鼻镜湿润,具有本品种或类群所要求的色泽。

头的两性差异显著,公牦牛的头要具有雄性特征,比较宽、短、皮厚、毛粗,额部多卷毛。母牦牛的头相对较长、窄、清秀。公牦牛的头似母牦牛或相反,都属外貌严重缺点。

(2)颈 是以颈椎为基础形成的头与躯干的接连部分。从鬐甲至肩端的连线与前躯分界。成年母牦牛的颈长为 37～42

厘米,公牦牛的颈较母牦牛的粗而短,被毛密长。单薄窄长的颈不适宜任何经济用途。要求头与颈、颈与前躯结合良好。

2. 前躯 前躯主要指鬐甲和胸部。

(1)鬐甲 是牦牛前躯背面最前端的隆起部分,也是颈、前肢和躯干的连接点或躯干运动的一个支点。牦牛的胸椎棘突高,形成牦牛鬐甲高的特点,公牦牛的鬐甲比母牦牛的高、长而厚,是雄性特征之一。要求鬐甲宽、丰满,与躯干结合良好。窄、单薄、有凹陷的鬐甲属外貌缺点。

(2)胸 是整个胸腔的体表总称,凸出于两前肢前的部分称前胸,肩胛骨和肘后的部分称后胸。牦牛有 14~15 个胸椎(比普通牛多 1~2 个),椎体大,肋骨长而窄,第六肋骨的最大宽度牦牛为 2.8 厘米。因此,牦牛的胸部发达,心、肺发育好。牦牛的胸部一般呈扁圆形,肋骨拱张不理想,胸深大于普通牛(和鬐甲高有关),胸宽和胸围相对稍小。要求胸部宽、深而且要容积大(呈拱圆形),胸窄而浅不仅是严重的外貌缺点,而且是体弱、适应性差的表现。

3. 中躯 包括背、腰和腹部。即指背和胸腔之后,腰角和臀之前的一段体躯。

(1)背 由于牦牛的鬐甲高、长并向背部倾斜,故显得背稍短。以最后一枚胸椎与腰分界。要求背长而宽,肌肉丰满,前与鬐甲部、后与腰部结合良好,与腰呈一水平线。

(2)腰 牦牛有 5 个腰椎(比普通牛少 1 个),由于椎体及椎间距大,所以腰部并不短。以两腰角的连线与尻部分界。要求宽、平、强壮,肌肉发达。腰与背之间结合良好或界限不明显。腰部凸起或严重下凹(牦牛正常的波浪形背线除外,即鬐甲高至背腰部相对呈凹陷,荐部又突起,尻部斜),与荐部结合不良等均属外貌缺点,也是体弱的表现。

（3）腹　是体躯下部无骨的部位,实际是指整个腹腔。牦牛特别是母牦牛腹大而不下垂,后胁部紧缩。要求腹部容积大,不下垂,腹壁结实而有弹性。腹部明显下垂(草腹)、肌肉松弛,多伴以背腰严重凹陷,或腹部小而紧缩成"卷腹",均属严重缺点。

4. 后躯　包括尻、臀、乳房和生殖器。

（1）尻　指荐骨(牦牛的荐骨6个,比普通牛种多1个)和骨盆骨为基础的体表部位,以腰角、臀角(髋关节)、臀端(坐骨结节)连线为界的背面体表部位,乳房、生殖器官等覆盖在其下。由于牦牛的荐部较高,尻部较窄,因而形成斜尻或多呈屋脊状。因此,牦牛的尻或后躯发育较差,使整个体躯发育不匀称。要求尻长、宽而容积大,肌肉丰满,是牦牛后躯发育良好的表现,有利于繁殖、产奶、产肉。过度倾斜的斜尻、窄尻、短尻均不适宜任何经济用途的牛。

（2）臀　相当于股骨的体表部位。即腰角、臀角和臀端连线以下,后肢离体表部分以上的部位,一般列入后肢的部位中。是产肉的主要部位之一。牦牛臀部不发达,被毛密长,往往掩盖了其实际形态。评定时要用手触摸。要求丰满,肌肉充实,向前、后延伸,与尻部结合良好。细、扁、紧缩而肌肉单薄的臀部属外貌方面的严重缺点。

（3）外生殖器　无论公、母牦牛外生殖器官应发育正常,特征表现良好。特别是留做种用的公牦牛,睾丸要大小基本一致,阴囊薄而有弹性,天冷则紧缩形成皱褶,除炎热天气外,很少见像普通牛种公牛那样下垂。具有睾丸大小不匀称、单睾等缺点的公牦牛不能留做种用。

（4）乳房　牦牛的乳房一般很小,乳头细短,乳腺组织不发达,故欠松软,着生被毛多。乳房的形态、容积及品质与泌乳有密切的关系。要求乳房容积大,4个乳区发育匀称,乳腺组织发达,皮肤薄,被毛稀短,乳镜(乳房后基部以上,会阴以下,两臀之间)宽,乳静脉(腹皮下静脉)粗而可见。4个乳头长而较粗,呈圆柱形,排列在一个平面上,乳头间保持较宽和基本相等的距离。各种畸形乳房、4乳区不匀称、乳头形状和数目失常等都为严重缺点。

5. **四肢** 四肢是由四肢骨骼和肌肉为基础构成的体表部位,具有担负支撑牦牛体重和牛只运动的功能。牦牛由于裙毛长,显得四肢较短,实际却相对较长。牦牛的四肢骨骼结实,关节明显,肢势一般是前肢端正,较后肢粗壮,后肢飞节稍靠近,呈X状肢势。牦牛蹄大而坚实,蹄壳细致发亮,蹄尖锐利。要求牦牛四肢结实,肢势端正,蹄尖的方向与体躯中轴平行,不向内、外偏移,两前膝、飞节不靠拢或距离宽,否则属外貌缺点或不正常的肢势。

6. **被毛及尾** 牦牛的被毛应密长、丰厚。粗毛底层应有细而弯曲的绒毛,与粗毛形成毛被。牛体躯的突出部位(腰角、角端、鬐甲、胸骨等)及体则被毛密长,形成裙毛。

牦牛尾(指尾椎的体表部位)较短(尾椎15个,比普通牛少2个),要求尾毛密长、膨松。牦牛尾(尾椎组成部分)长一般为40厘米,黄牛为72厘米。

(三)肉用牦牛的体型外貌要求

一些优良的牦牛类群(如天祝白牦牛、九龙牦牛等),都将肉用性能作为本品种选育的方向。选择肉用或以肉用为主的种用牦牛,应逐步达到较标准的普通牛肉用品种的体型外貌特征。即肉用牦牛应该体躯宽、深,四肢较短,全身各部位肌肉丰满,被毛密长或丰厚,体质结实健壮,整体呈矩形或长方砖形。

从牛体侧面看,前躯及后躯较长,中躯较短,即胸部、尻及臀部宽、深,前胸突出。将背、腹平行线及臀后缘、前胸平行线4条直线相连,构成近似"长方砖形"或"矩形"的体形;从牛体前面看,胸宽而深,肋开张或弯曲度大,特别是前胸饱满,突出于两前肢之间,构成前望"矩形";从牛体后面看,尻、臀宽或发育良好,肌肉丰满,两后腿宽而深,构成后望近似"矩形"。

牦牛一般后躯发育差,多斜尻或呈屋脊状。在外貌评定或选择时,应特别重视种用牦牛后躯的评定,以积极纠正牛群中的斜尻、尖尻等缺点。因为尻部是生产优质牛肉的重要部位。

(四)外貌评分方法

牦牛的外貌评分在剪毛前、后分两次进行。剪毛前着重评定一般外貌和被毛,剪毛后评定其他各项目。

在评定个体牛之前,应了解当地或牦牛类群的选育方案、生产方向,仔细研究外貌评分表(以天祝白牦牛为例,见表4-1,表4-2),对各项目的具体要求,根据标准分,进一步具体分配标准评分。

评分人员集体观察和了解被评定牦牛群的一般状况。例如种性、体格大小、外貌方面共同的优缺点等,对被评定的群体有一总的印象。

对有选育记录资料的牦牛群,应该整理出牦牛个体的体尺、活重、生产性能等及群体的平均资料,以供评分人员参考。

将被评定的牦牛,拴系于圈地平坦处。了解牛号(或诨名)、年龄、胎次和膘情等,并记入外貌评分表中。评分人员在距牦牛4米处从正前、后方、两侧仔细观察牛只的外貌、整体结构、符合选育方向的程度等,并初评等级。

根据外貌评分表,逐项评分,最后得出总分及相应等级。并与初评等级做一比较,有出入时,集体讨论增减某项评分,最后决定外貌等级,记入评分表,并注明该牛外貌方面主要的优缺点。

表 4-1 成年白牦牛外貌评分表

项 目	评满分的要求	公 牦 牛		母 牦 牛	
		标准分	评分	标准分	评分
一般外貌	牦牛种性明显,被毛纯白,体格大而粗壮,各部位结构匀称。结合良好。头部轮廓清晰,鼻孔开张,嘴宽大。公牦牛雄相明显,前后躯肌肉发育好、鬐甲隆起、颈粗短。母牦牛头清秀,鬐甲稍隆起,颈长适中	30		30	
体躯	胸围大、宽而深,肋骨间距离宽、拱圆。背腰直而宽。公牦牛腹部紧凑,母牦牛腹大但不下垂尻长、宽,臀部肌肉发育良好	25		25	
生殖器官和乳房	睾丸大而匀称。包皮端正,无多余垂皮。母牦牛乳房发育好、被毛稀短,乳头分布均匀,乳头粗长	10		15	
肢、蹄	四肢结实,肢势端正,左右两肢间宽。蹄圆缝紧,蹄质致密,行走有力	15		10	
被毛	被毛光泽好,全身被毛丰厚。背腰及腹部绒毛厚,各关节突出处、体侧及腹部粗毛密而长。尾毛密长,同全身粗毛能覆盖住体躯下部,即裙毛生长好	20		20	
总分		100		100	

表 4-2　成年白牦牛外貌评分等级标准

等级	公牦牛	母牦牛
特	85 分以上	80 分以上
一	80～84	75～79
二	75～79	70～74
三	74 分以下	69 分以下

应该指出,外貌评分人员,必需熟悉牦牛体表各部位的名称,根据生产方向应掌握牦牛各部位的重要性及其优、缺点对生产性能的影响程度,即对牦牛外貌方面的不同表现具有正确的评估能力。评分人员在思想上应有理想或标准的牦牛体型外貌,但实际中任何牦牛个体都不是十全十美的标本,须仔细观察、相互比较或共同讨论,给予合理的评分或判断。切忌太靠近牦牛体来观察,以免顾局部而忽视整体结构。

三、牦牛的年龄鉴别及主要体尺测量

(一)年龄鉴别

1. **根据角轮数目鉴别年龄**　角轮是牦牛角上的环形凹陷。终年在高山草原条件下放牧的有角牦牛,无论公、母,出生后每经过一个天寒草枯的冷季,因营养缺乏而影响角的生长,便形成一个角轮。所以有角牦牛有几个角轮就是几岁。长期以来,广大牧民用角轮来判断牦牛的年龄。

正常年景所形成的角轮,其深、宽及角轮间的距离比较规则、整齐。妊娠、营养特别差或患病时间久时,则形成凹陷深、宽的角轮;相反未孕、冷季补饲条件好时,则形成较浅的角轮。舍饲条件下,全年营养好的公牛、未泌乳和未妊娠的母牦牛,角生长不受影响时,则不形成角轮。

2. **根据牙齿鉴别年龄**　牦牛的年龄变化,可反映在牙齿的出长、脱换、磨损程度等方面。牦牛的齿式与普通牛一样。乳齿共有 20 枚,永久齿有 32 枚。鉴别年龄是根据生于下腭前方的 8 枚门齿(也叫切齿)的变化。门齿分 4 对,中间的 2 枚为第一对(也叫钳齿),靠第一对的左右 2 枚为第二对(也叫内中间齿),依次相应为第三对(外中间齿)及第四对(隅齿)。其出生、脱落及磨损的次序是第一、二、三、四对。

乳门齿较小、色白,齿面平坦,齿间隙较大,随年龄增加逐渐磨损、脱落而更换成永久齿。

永久门齿大而厚,色微黄,齿面比普通牛的宽而平直。排列紧密、整齐。随年龄增长而依次磨损,仅剩齿根或脱落。牦牛门齿的变化及其相应年龄见表 4-3。

表 4-3　牦牛门齿的变化及其相应年龄

门 齿 变 化	年　龄(岁)	
	牦 牛	黄 牛
第一对乳门齿出生	出生后 2~7 日龄	出生前或生后
第四对乳门齿出生	50 日龄	21 日龄
四对乳门齿长齐	9 月龄	4~5 月龄
乳门齿齿冠变短	2~2.5	1.3~1.5
第一对永久门齿出生	2.5~3	2~2.5
第二对永久门齿出生	3~4	3~3.5
第三对永久门齿出生	4.5~5.5	4~4.5
第四对永久门齿出生	6~7	5~5.5

门 齿 变 化	年 龄（岁）	
	牦 牛	黄 牛
第一对门齿磨蚀呈长方形	8	6
第二对门齿磨蚀呈长方形	9～10	7
第三对门齿磨蚀呈长方形	11～12	8
第四对门齿磨蚀呈长方形	13～14	9
第一、二对门齿磨蚀呈近圆形	15～17	10～11
第三、四对门齿磨蚀呈近圆形	17～19	12～13
永久门齿仅剩齿根并有脱落	20 岁以上	14～15

牦牛门齿的出生、更换及脱落的时间比普通牛种迟。此外，牦牛个体间因采食量的大小、营养状况、牙齿畸形等不同，都会影响门齿正常的磨损规律。所以鉴别时为避免误差，可结合角轮、外貌综合判断。

（二）主要体尺测量

体尺数据可以判断牦牛体格大小和体躯的发育等状况。近年来国内外报道资料主要测定体高、体斜长、胸围、管围 4 项。

1. 体高 鬐甲最高处到地面的垂直距离。

2. 体斜长 肩端（肱骨大粗隆为基础，尤其是指滑车结节）最前缘至臀端（坐骨结节）后缘的直线距离。

以上两项用测杖测量。

3. 胸围 肩胛骨后角处垂直于体躯的周径。

4. 管围 左前肢管部（管骨）上 1/3（最细处）的周径。

以上两项用卷尺测量。

测量牦牛的体尺比较困难，要搞好保定，使牦牛四肢站立端正。测量人员动作要迅速、准确，切实注意安全。

四、牦牛的选种及等级评定方法

(一)选 种

选种,就是选择基因型优秀的个体进行繁殖,以增加后代群体中高产基因的组合频率。即母牦牛群或不同的类群,其遗传性生产潜力的高低,取决于优秀公、母牦牛或高产基因型在群体中的存在比例。

牦牛生产是在群体规模上进行的。从生物学特性和经济效益考虑,对种公牦牛注重积极的选种,对母牦牛除本种选育核心群外,一般则采取消极的淘汰。选种和淘汰是一个事物的两个方面,或达到同一目标的两条途径。

1. 种公牦牛的选种方法

(1)初选 在断乳前进行,一般从 2～4 胎母牦牛所生的公犊牛中选拔。牧民的经验是:"一看根根,二看本身",是符合畜牧科学要求的。"根根"是指血统或主要是父、母亲。有牛只档案时,可审查到前三代。对其父要求活重大,产肉和毛多;对母牛除要求活重大、产毛多外,还要求产奶多。父、母体型外貌好。"本身"是指犊牛的外貌、生长发育或活重(包括日增重)。

对初选定的公犊牛要加强培育,在饲牧管理方面要予以照顾,并定期称重和测量有关指标,为以后的选留提供依据。

(2)再选 在 1.5～2 岁时进行。最好由畜牧技术人员、放牧员等组成小组共同进行严格的等级评定。定选后的种公牦牛可按选配计划投群配种。

对本种选育核心群或人工授精用的公牦牛,要严格要求,进行后裔测定或观察其后代品质。

2. 母牦牛的选种方法 对进入选育核心群的母牦牛,必

须严格选择(步骤基本同种公牦牛)。

对一般的选育群,主要采取群选的办法:其一,拟定选育指标,突出重要性状,不断留优去劣,使群体在外貌、生产性能上具有良好的一致性;其二,每年入冬前对牛群进行一次评定,大胆淘汰不良的个体;其三,建立牛群档案,选拔具有该牛群共同特点的种公牦牛进行配种,加速群选工作的进展。

(二)等级评定

牦牛的培育程度低,由于各地生态条件等的不同,形成不同的类群或群体,不同类群或群体的选育方向、外貌、活重、产毛量等具有一定的差异。因此,各地牦牛的等级评定指标、本种选育方案或计划等,都必须从当地条件及牦牛群体的具体状况出发,因地制宜地制定,并不断进行调整,有计划、有目的、有措施地进行本品种选育,培育出新的牦牛类群或品种。以天祝白牦牛的等级评定方法为例,供参考。天祝白牦牛选育领导小组确定的选育方向为肉毛兼用(1984.6)。

1. 天祝白牦牛的单项评级标准

(1)外貌评级标准 成年牦牛按表 4-1(百分制)评分,再按表 4-2 确定外貌等级。幼牦牛(初生至 1.5 岁)按表 4-4 评定外貌等级。

凡被毛非纯白、外貌有严重缺陷及畸形的不予以评定。

表 4-4　幼牦牛外貌评级标准

等　级	外　貌　评　级　标　准
一　等	被毛纯白,毛长丰厚,光泽好。体格大,肢势端正。体型结构及生长发育良好,活泼健壮
二　等	被毛纯白。毛长较密。体格中等,肢势端正。体型结构及生长发育一般,无缺陷,较活泼
三　等	被毛纯白,毛稀短,体格小。体型结构及生长发育差或稍有缺陷。欠活泼或乏弱

(2)活重等级标准　称重应在早晨出牧前(即空腹)进行,有条件时最好在同期连续两天称重,取平均值。用公式估算时要经过随机抽查当地牦牛10头以上实称校正。活重评级标准见表 4-5 及表 4-6。

因条件限制对成年牦牛难以进行称重时,也可单测体高,按表 4-7 进行评级,以代替活重等级。

表 4-5　成年白牦牛活重评级标准　（千克）

性别	年龄或胎次	特等	一等	二等	三等
公	6 岁以上	400	350	300	250
	5 岁	350	310	250	220
	4 岁	320	290	220	200
	3 岁	280	250	200	180
母	3 胎以上	310	280	250	220
	初胎	270	240	210	180

表 4-6 幼牦牛活重评级标准 （千克）

等　级	初　生　重		6　月　龄		13　月　龄	
	公	母	公	母	公	母
一等	18	15	80	60	120	100
二等	15	12	70	50	100	85
三等	12	10	60	40	80	70

表 4-7　成年白牦牛体高评级标准　（厘米）

性别	年龄或胎次	特等	一等	二等	三等
公	6 岁以上	130	125	120	115
	5 岁	125	120	115	110
	4 岁	120	115	110	105
	3 岁	115	110	105	100
母	3 胎以上	118	115	110	105
	初胎	115	110	105	100

（3）产毛量评级标准　成年白牦牛的产毛量（不包括尾毛）按表 4-8 进行评级。尾毛 2 年剪 1 次，要登记其尾毛长度、产量，供参考。

表 4-8　成年白牦牛产毛量评级标准　（千克）

性别	年龄或胎次	特等	一等	二等	三等
公	6 岁以上	5.5	5.0	4.5	3.5
	5 岁	4.5	4.0	3.5	3.0
	4 岁	4.0	3.5	3.0	2.5
	3 岁	3.0	2.5	2.0	1.5
母	3 胎以上	3.0	2.5	2.0	1.5
	初胎	2.5	2.0	1.5	1.0

（4）血统评级标准　据其父、母代的综合等级，按表 4-9 标准进行评级。

表 4-9　血统评级标准

母	父			
	特等	一等	二等	三等
特等	特	一	一	二
一等	特	一	二	二
二等	一	二	二	三
三等	二	二	三	三

（5）种公牦牛的后裔测定评级标准　采精制冻精或核心群配种用的后备种公牦牛，3 岁时固定母牦牛群配种，要求同时被测定的不同公牦牛，所配母牦牛群的牛只组成（年龄或胎次、母牦牛等级）、饲牧条件等基本接近，待所生后代（不少于30 头）6 月龄时，据外貌、活重的综合评级，按表 4-10 标准进行综合评定。

表 4-10　种公牦牛后裔测定评级标准

等级	标　　准
特等	后代中 80% 在二等以上，不得出现等外及畸形个体
一等	后代中 60% 在二等以上，不得出现等外及畸形个体
二等	后代中 40% 在二等以上，不得出现等外或畸形个体
三等	后代中 75% 以上为三等

2. 综合评级标准

（1）种公牦牛　5 岁以上种公牦牛的综合评定，以后裔测定等级为主，参考本身的外貌、活重及产毛量指标。

5 岁以下及未经后裔测定的种公牦牛,据外貌、活重、产毛量等级按表 4-11 评定综合等级,并参考血统等级。除个别优秀个体外,一般不得评为特等。

　　(2)母牦牛　初胎及 3 胎以上母牦牛,据外貌、活重(或体高)、产毛量等级按表 4-11 综合评定,并参考血统等级。

表 4-11　白牦牛综合等级评定标准

单 项 等 级			综合等级	单 项 等 级			综合等级
外貌	活重	产毛量		外貌	活重	产毛量	
特	特	特	特	一	一	一	一
特	特	一	特	一	一	二	二
特	特	二	一	一	一	三	三
特	特	三	二	一	二	二	二
特	一	一	一	一	二	三	二
特	一	二	一	一	三	三	三
特	一	三	二	二	二	二	二
特	二	二	一	二	二	三	二
特	二	三	二	二	三	三	三
特	三	三	三	三	三	三	三

　　(3)幼牦牛　据外貌、活重等级按表 4-12 评定综合等级。

　　(4)血统等级参考原则　无血统等级或仅有父、母一方的血统等级时,注明供参考,一般不得评为特等。血统等级高于被评个体本身综合等级两级时,可将其综合等级提升一级,相互低两级时,可降低一级。

　　评定工作结束后,总结经验,修订评级标准,落实优良种公牦牛的选配、后备公牦牛的培育计划,调整牛群或淘汰不良个体,奖励或表扬特等公、母牦牛的培育者,以促进本种选育工作。

表 4-12 幼牦牛综合等级评定标准

| 单 项 等 级 | | 综合等级 | 单 项 等 级 | | 综合等级 |
外貌	活重		外貌	活重	
一	一	一	二	二	二
一	二	一	二	三	二
一	三	一	三	三	三

五、本品种选育工作中的主要措施

(一)建立选育组织

建立选育组织(或选育委员会、协会、领导小组等),负责选育或育种工作中的种畜评定、生产性能测定、种公牛后裔测定、良种登记、制订或修改选育计划及指导选育等工作,是国内外家畜选育或育种的成功经验。

(二)制定选育工作方案(或育种计划)

1. 制定选育方案的依据 制定选育方案前,要进行调查研究,要采取全面了解和深入重点畜群测定相结合的方法,主要摸清该类群(品种)形成的历史、产地的生态环境、分布及数量、体型外貌、生产性能及重要优缺点等,作为制定选育方案的依据。同时应注意发现优良的牛群、个体以及适宜开展选育工作的基点和牛场。

我国牦牛产区辽阔,自然生态环境、经济条件和牦牛类群各不相同,各优良牦牛类群产地应根据具体情况,一切从实际出发,以提高当地牦牛原有的优良特性为前提,制定出选育方案。在牦牛类群、生态环境及经济条件等基本相似的地区,为避免分散人力、物力,要打破封闭状态,积极采取横向联合和大协作的办法,进行共同选育。

2. **确定选育方向** 本种选育是提高牦牛生产性能的长期工作,因此,必须有一个正确的选育方向,以便持久地进行选育。确定选育方向的基本原则是:要适应国民经济发展的需要,要适应当地的生态环境,要保存原有牦牛类群(或品种)的优良性状或特殊性状。

从国内外的报道资料看,牦牛的选育方向以肉用为主或肉毛、肉乳兼用。并据此拟出相应的选育指标。但要考虑以下3个问题:

(1)牦牛毛的问题 应保持和不断提高牦牛毛、绒和尾的特有品质和产量,不能削弱这一宝贵特性。

(2)适应性的问题 适应性方面的有关指标,虽不能直接表示经济性状,但对生产性能起重大影响,选育中必须特别注意或进行有关指标的测定分析。因为高山草原环境寒冷、少氧、冷季长,只有健壮、结实、适应性强的牛只,才能保持高的生活力和生产性能。

(3)早熟性的问题 早熟性应包括性早熟、生理早熟和经济(肉用)早熟。在选育中要注意经济早熟这一性状,即指较早的年龄达到较大的活重和具有成年牦牛的胴体形态组成,达到相当的肥度而符合屠宰要求。

3. **选育方案的主要内容** 牦牛的本种选育方案,是保证实现选育工作的行动计划,应该成为远景规划和逐年实施计划相结合的选育工作指导文件。要求有明确的选育方向、繁育方法和选育措施,体现出科学的选育和管理技术等。因此在制定方案时要由主管部门的负责人、畜牧科技人员、生产人员集

体讨论,并请有关专家指导论证。选育方案的主要内容:

(1)选育地区的生态、经济及畜牧业等基本情况　选育地区的范围、位置、生态环境条件;选育地区的经济条件和畜牧业、牦牛生产的概况;现有牦牛群的质量、选种选配及饲养管理特点等。

(2)选育方向及指标　根据国民经济需要和当地牦牛的特点等,确定选育方向及不同阶段的选育指标。如以肉毛兼用为选育方向时,要明确各年龄段的体尺、活重、日增重、屠宰率、产毛量等。确定选育要达到的体型外貌、体尺、活重等及发展数量。

(3)选育措施　提出保证完成选育方案的各种措施。包括繁育方法及选种选配的原则,种畜评定推广办法,种牦牛的培育,核心群的组群计划,培育草原及建立饲料基地,疾病防治等措施。

此外,还应该拟定出选育区各单位的协作办法,必须遵循的原则和规章制度。

(三)建立核心群或良种场

在良种牦牛类群中心产区,建立核心群或良种牦牛场,逐步带动产区千家万户,形成稳定的选育基地。如天祝白牦牛育种实验场,十多年来在核心群组建、选育、饲料生产加工、疾病防治等方面取得了很好的成绩,在白牦牛的选育和产业发展中发挥了示范和推广作用。

在核心群或良种场初建时,从产区牦牛群中认真评定和选购最优秀的牦牛(50头以上)。其标准应该是:血缘清楚,外貌基本符合选育方向或肉用型特征明显,产毛量高,经综合评级种公牦牛(年龄3～6岁)应在一级(含一级)以上;种母牦牛(4～5岁)二级(含二级)以上,特级、一级要占70%以上。在牧户中选择品质较好的牛群组建一批选育群。核心群（或良种场）首先为选育群提供种畜、冻精或胚胎。选育群再向基地一般牛群提供种牛。

核心群必须建立种牛档案（系谱），包括种公牛的来源、评定等级、精液品质和后代等级等；种母牛的评定等级、繁殖、生产性能等。以及幼牦牛出生登记、生长发育等记载。选育群可建立牛群档案或参配种公牦牛及二级以上母牦牛的卡片。

对核心牛群和选育群的牛只必须进行编号和标记，便于选育工作的开展。牦牛犊出生后，应立即编号或起诨名。为避免重复，核心群、选育群应有一定数量的顺序号码。如核心群1～1 000号，选育群1 001～2 000号，一般牛群为2 001～3 000号等。牛只出售、淘汰或死亡，不要以其他牛只替补其号码，购入的种公牦牛用原号，不要改号。

编号后要进行标记：带耳标（分圆形和长条形两种），在金属耳标上打上号码，再用耳标钳将耳号夹到牛耳上缘便于观察的部位，不要使耳标紧压牛耳的边缘，以免被压组织坏死使耳标脱落；带塑料方牌时，用不褪色笔将牛号写在方牌两面，系于颈挂系绳上，适用于系留管理的犊牛、母牛；角部烙号，将特制的号码烙铁烧红后，在保定好的牦牛角上重压烙号，牦牛在2岁时在角上烙号为好，要注意烙得均匀不脱皮。

（四）定期举办牦牛评比会（或赛牦牛会）

牦牛评比会是向广大牧民进行宣传、检查选育成果、普及畜牧科学技术知识、推动选育工作的措施之一。主要内容应包括：评比选育区优秀的公、母牦牛，交流和推广培育牦牛的先进经验，表彰和奖励先进集体和个人，宣传养好、选育好牦牛的先进经验，以有利于进一步推动选育工作。

在评比会之前要做好评比计划及筹备工作：选定适宜的

地点与时间,最好与当地的商品交易会、赛马会等节日盛会相结合;制定参加评比的标准和评比奖励办法;确定评定人员;编印有关技术资料和宣传资料等。

　　牦牛的本品种选育工作需要年限长、牵涉面广、工作艰苦,见效又较慢。加之牦牛培育程度低、管理粗放,畜牧技术工作难以开展或难度较大。牦牛选育组织和广大畜牧科技工作者,应该团结各族牧民群众,克服困难,坚持进行长期的选育工作。

第五章　牦牛和普通牛种的种间杂交

一、种间杂交中供选用的一些普通牛种品种简介

牦牛和普通牛种(如中国黄牛等)的杂交,为种间杂交。在我国有悠久的历史,但长期以来,仅用黄牛同牦牛杂交。引进的培育品种公牛,难以适应青藏高原的生态环境。例如,1954年西藏从陕西省西安市购进荷兰公牛 3 头,运入拉萨市后因不适应生态环境而先后死亡。随着冷冻精液技术的推广,在牦牛产区广泛应用培育品种公牛的冷冻精液,同牦牛杂交,生产种间杂种。现简介种间杂交中供选用的一些普通牛种品种(表5-1)。

二、种间杂种牛的外貌及生产性能

(一)种间杂种牛的传统命名

牦牛和普通牛种(黄牛)种间杂交方式有两种:正杂交是黄牛为父本,牦牛为母本;反杂交是牦牛为父本,黄牛为母本。所生各代杂种在我国各地都有传统的专门命名,至今在牦牛生产中还起作用,但局限性很大。我国以黄牛为父本和以牦牛为父本进行级进杂交所生杂种较普遍的命名见表 5-2。可见,种间杂种一代统称犏牛,用真、假(实际指生产性能的优劣)来区分用不同父本杂交所得的犏牛;二代以后的命名有的按外

貌,有的按含血,名称较杂。川西北草原上,二代以后的杂种统称杂牛。

表 5-1　部分普通牛品种简介

品种名及原产地	外貌特征	生产性能
蒙古牛 原产蒙古高原,东北、西北各省(自治区)均有分布	体格大小中等,头短宽粗重,角向上前方弯曲,胸宽而深,尻斜,后躯短窄。毛色以黄褐色及黑色居多	活重:公牛 350～450 千克,母牛 206～350 千克。成年阉牛屠宰率 53.0%,净肉率 44.6%
秦川牛 原产陕西省关中地区	我国著名的大型役肉兼用品种。公牛颈短粗,鬐甲高,母牛鬐甲低。体质强健,前躯发育好而后躯弱。毛色以紫红和红色为主	活重:公牛 594.3 千克,母牛 381.3 千克,18 月龄屠宰胴体重 282 千克,屠宰率 58.3%,净肉率 50.5%
海福特牛 原产英国英格兰西部海福特郡及附近地区	中小型早熟肉牛品种,具有典型的肉用牛体型。全身肌肉丰满,体躯毛色为橙黄色或黄红色,头、颈垂、腹下、尾帚及四肢下部为白色	活重:公牛 850～1100 千克,母牛 600～700 千克,屠宰率一般为 60%～65%,肉多汁,大理石纹状好
安格斯牛 原产英国阿伯丁、安格斯及金卡丁等地	小型早熟肉牛品种,具有典型的肉用牛体型。被毛黑色和无角为主要特征,又称无角黑牛	活重:公牛 800～900 千克,母牛 500～600 千克,育肥牛屠宰率一般为 60%～65%,是世界肉牛品种中肉质很好的品种

品种名及原产地	外 貌 特 征	生 产 性 能
夏洛来牛 原产法国夏洛来省及邻近省区	是欧洲大型肉牛品种。头小而短宽,颈粗短,肋弓圆,背宽,体呈圆筒状,后躯发育好,后臀肌肉很发达,并向后及侧面突出。毛色为乳白和枯草黄色	活重:公牛 1100～1200千克,母牛 700～800 千克,屠宰率一般为 60%～70%。母牛产奶量高,1 个泌乳期一般为 1700～1800 千克,乳脂率 4%～4.7%,繁殖方面难产率较高(13.7%)
利木辛牛 原产法国利木辛高原	中型肉牛品种。头短额宽,体呈圆筒形,肌肉丰满,被毛较厚,毛色为黄棕色	活重:公牛 1100 千克,母牛 600 千克。成年母牛产奶量 1200 千克,乳脂率 5%
皮埃蒙特牛 原产意大利北部皮埃蒙特区	是肉奶兼用品种。皮薄骨细,后躯发育好,肌肉丰满。毛色为白晕色。公牛性成熟时颈、四肢下部及眼圈为黑色;母牛为全白,有的个体眼圈为浅灰,耳廓四周为黑色。犊牛出生后 4～6 月龄为乳黄色,胎毛褪去后呈成年牛毛色	活重:公牛 850 千克,母牛 570 千克,屠宰率 68.23%,胴体剔肉率为84.03%,泌乳期产奶量3500 千克,高于夏洛来牛、利木辛牛,低于西门塔尔牛
西门塔尔牛 原产瑞士阿尔卑斯山区及德、法、奥地利等国	肉用或肉奶兼用品种。引入北美后,育成肉用品种。头较长,颈长中等,体躯长而肋骨开张,前后躯发育好,四肢结实,乳房发育好。毛色为黄白花或红白花,但头、胸、腹下或尾帚多为白色。美国还育成毛色全黑或全黄的西门塔尔牛	活重:公牛 1000～1300千克,母牛 600～800 千克。公牛经育肥后屠宰率为65%,母牛为 53%～55%。泌乳期产奶量为 3500～4500 千克,乳脂率为3.64%～4.13%

品种名及原产地	外貌特征	生产性能
中国黑白花奶牛	我的奶牛品种,毛色为黑白花	活重:公牛 1020 千克,母牛 575 千克。泌乳期平均产奶量 5333.9 千克,乳脂率 3.4%

随着普通牛种培育品种公牛冷冻精液在牦牛种间杂交中的选用,在继承传统命名的基础上,用杂交父本品种名的第一个字来命名犏牛,如以海福特牛为父本的犏牛称海犏牛等,若用第一个字无法区分时,还可用前两个字或品种全名来命名犏牛。对尕利巴也可采用父本品种第一个字来命名,如海尕利巴等,便于生产中组群和饲养管理,但反映不出其祖父品种,在科学杂交试验时应详细记载血统。

表 5-2　种间级进杂交杂种的传统命名

杂种	含父本基因 (%)	父 本 牛 种	
		普通牛种 (公黄牛×母牦牛)	牦牛种 (公牦牛×母黄牛)
F_1	50.00(或 1/2)	真犏牛、黄犏牛	假犏牛、变犏牛、牦犏牛
F_2	75.00(或 3/4)	尕利巴、阿果牛	牦杂、转托罗
F_3	87.50(或 7/8)	撒尾黄、大尾干、假黄牛	拌不死、假牦牛
F_4	93.75(或 15/16)	转正黄牛	转正牦牛

(二)犏牛(F_1)和尕利巴(F_2)牛的外貌

1. 犏牛　犏牛外貌偏向于父本特征或处于父、母本外貌性状之间。幼龄期头形、被毛似牦牛,成年后偏向于普通牛。体格大,体质结实,蹄近似牦牛,被毛长但缺乏绒毛层,腹部粗毛稀长,尾的大小居牦牛和普通牛之间,即呈明显的中间状态。如海犏牛(海福特牛×母牦牛),头方,嘴筒短,颈比牦牛粗,颈峰小。背腰宽平,肋开张,四肢结实而较短。体躯结构匀称,肌肉丰满,被毛较厚。毛色以白头黑身居多(80%),其他毛色(栗色、黑白花等)占20%。

2. 尕利巴牛　外貌近似父本特征,从外貌很难看出牦牛或母本的影响。全身被毛稀短,尾小,接近父本的尾。由于种间杂种二代分离很大(可谓"疯狂"的分离),表现为毛色较杂,甚至出现父、母本罕见的毛色。如三元杂交的海尕利巴牛(海福特公牛×黑犏牛),随机统计70头,白头栗色占32.9%,白头黄色占31.4%,白头黑色占30%,其他(全白、白头深灰、白头黑白花)占5.7%。

(三)犏牛(F_1)和尕利巴(F_2)牛的生产性能

1. 产肉性能

不同父本或种间杂交组合的犏牛及尕利巴牛的产肉性能见表5-3,表5-4。杂种牛产肉性能均高于牦牛,表现出显著的杂种优势。三元杂交的尕利巴牛,由于集三品种(种)的特点,生长发育或增重甚至比同龄的犏牛还要快,但在冷季因被毛稀短,对青藏高原寒冷环境的生态适应性不如犏牛,故减重多或容易乏弱,甚至被冻死,这也是过去牧民不欢迎级进杂交尕利巴牛的主要原因。

表 5-3　不同杂交组合公犏牛(17～18月龄)产肉性能① 　（千克）

杂交组合	n	宰前活重	胴体重	屠宰率	肉：骨	肉的化学成分(9～11肋骨肉样)(%)			
						干物质	蛋白质	脂肪	灰分
牦牛②	7	132.4	52.9	42.8	2.87：1	25.80	21.49	3.28	1.04
海犏牛	2	174.5	78.0	44.7	3.70：1	26.03	20.48	4.50	1.06
西犏牛	3	196.0	88.2	45.0	3.34：1	26.26	20.61	4.65	1.00
短犏牛	2	159.5	73.7	46.2	3.09：1	24.50	21.20	2.24	1.06
夏犏牛	3	158.7	73.1	46.0	3.18：1	25.89	21.23	3.62	1.05
黑犏牛	8	224.6	105.5	46.9	3.58：1	26.62	20.98	4.62	1.03

① 西南民族学院等的资料(1984)

② 在同样放牧条件下(对照)

表 5-4　不同杂交组合犏牛、尕利巴的产肉性能 　（千克）

杂交后代	月龄	宰前活重	胴体重	屠宰率(%)
四川龙日种畜场(小公牛，n＝11， 1982)				
牦　牛	18	129.0	58.5	45.3
黑犏牛	18	257.0	117.2	45.6
海尕利巴	18	186.0	85.3	45.8
甘肃省山丹(小公牛，n＝2， 1983)				
牦　牛	20	161.0	74.0	46.0
黑犏牛	20	328.5	170.5	51.9
海犏牛	20	306.5	161.0	52.5
海尕利巴	20	298.0	135.0	45.3
四川龙日种畜场(n＝2～4， 1985)				
牦　牛	17	116.0	47.7	41.1
海犏牛	17	174.5	77.9	44.6
西犏牛	17	190.0	88.2	46.4

杂交后代	月龄	宰前活重	胴体重	屠宰率(%)
短犏牛	17	159.5	73.7	46.2
夏犏牛	17	158.7	73.1	46.1
黑犏牛	17	192.3	93.8	48.8

2. 产奶性能

犏牛及其亲本的产奶性能及奶的成份见表5-5,表5-6。

表 5-5　不同杂交组合犏牛的产奶性能[①]　（千克）

种　性	挤奶天数	产奶量	乳脂率(%)	平均日产奶量
中国四川红原县瓦切牧场(初胎、n=2~26,　1982)				
牦牛	149	255.5	7.32	1.52
黑犏牛	149	686.9	5.31	4.01
西犏牛	149	704.8	4.91	4.73
默犏牛[②]	149	463.2	4.95	3.11
安犏牛	149	506.8	5.02	3.40
海犏牛	149	648.0	4.81	4.36
中国四川龙日种畜场(初胎、n=10,　1985)				
牦　牛	184.9	248.7	5.95	1.35
黑犏牛	175.0	555.4	4.98	3.18
前苏联吉尔吉斯(3胎以上,1958)				
牦　牛	256	608.0	6.80	2.38
吉尔吉斯牛	256	740.0	4.40	2.47
吉犏牛	256	1124.0	5.70	3.75
瑞犏牛[③]	256	1505.0	5.10	5.02
瑞犏牛	256	2021.0	5.30	6.74

注:①依次为黄正华、四川草原研究所、捷尼索夫的资料

　　②默犏牛为默累灰公牛同母牦牛杂交所生

　　③瑞犏牛为瑞士褐牛同母牦牛所生,补饲精料 120 千克/头

在高山草原放牧条件下,杂种牛的产奶潜力虽未得以充分发挥,但远高于牦牛,奶成分介于两亲本之间。对高山草原生态环境的适应性、抵抗力方面接近牦牛,可以说犏牛集中了亲本的一些性状,从产奶量、乳脂率方面看,是高山草原牧区很有发展前途的乳用畜,或有很大的乳用价值而值得推广。

冷季对犏牛进行合理补饲,是延长泌乳期、提高产奶量和繁殖力的主要措施。据四川省草原研究所等报道(1985),四川省红原县瓦切牧场(海拔 3 500 米以上,年平均气温 1.1℃,1月份极端低温－33.3℃),冷季(11 月份至翌年 3 月份)给犏牛日补饲玉米粉 0.25～0.75 千克/头,尿素 50～100 克/头,青贮料 3～9 千克/头及一定量的多汁饲料,供试犏牛泌乳期为 302～311 天,比对照组(不补料)延长 106～137 天,供试犏牛第二泌乳期每头平均产奶量为 1 542.27 千克(4%标准奶),比对照组增产 11.07%。

表 5-6　犏牛的奶成分[1]　(%)

种　性	干物质	蛋白质	脂肪	乳糖	灰分
中国四川省红原县瓦切牧场(1 胎,n＝6～71,1982)					
牦牛	17.69	4.91	7.22	5.04	0.77
犏牛[2]	14.95	3.99	5.31	4.88	0.69
前苏联吉尔吉斯(1958)					
牦牛	17.35	5.32	6.50	4.62	0.87
瑞士褐牛	13.00	3.50	3.70	4.97	—
瑞犏牛	15.30	4.40	5.30	4.80	0.80

①依次据黄正华、捷尼索夫的资料

②包括海犏牛、夏犏牛、西犏牛、短犏牛和黑犏牛

从一些报道资料看,在相同的生态及饲牧管理条件下,反杂交犏牛(公牦牛×普通牛种母牛)的产奶性能、活重不及正

杂交犏牛。产奶性能和活重也远不及母本。

一般认为,犏利巴牛产奶性能低,牧民不喜欢饲养,甚至及早被淘汰。但近年的实践证明,正确的杂交组合和良好的饲养管理条件,可使犏利巴牛获得较高的产奶量。如海犏利巴牛(海福特公牛×黄犏牛)第二胎产奶量达 807 千克,黑犏利巴牛(黑白花公牛×黄犏牛)第二胎产奶量达 676 千克(均不包括犊牛哺乳量);甘肃农业大学教学实验农场舍饲的 1 头犏利巴牛(黑白花公牛×黄犏牛)第一胎 300 天产奶量达 3 000 千克,乳脂率为 4.3%～4.5%,最高日产奶量为 13.8 千克。

三、普通牛种和母牦牛、母犏牛
杂交的繁殖特性

(一)普通牛种公牛同母牦牛自然交配中的选择行为

不少地方在母牦牛群中投入公黄牛进行自然交配,来生产犏牛。公黄牛(普通牛种)和母牦牛在自然交配中均具有选择行为。如公黄牛不追逐母牦牛或彼此回避,不接受与对方交配,给自然交配造成困难。牛只高级神经活动是种间公、母牛交配选择行为的基础,解决办法是公、母牛在幼龄时就共处,即同群放牧或饲养管理,成年后可顺利自然交配。或将准备杂交用的公黄牛早半年投群,并及早从牦牛群中隔出公牦牛,这样才能提高种间杂交的受配率。母牦牛群中有同种公牛时,发情母牦牛不愿接受与异种公牛交配。

(二)母牦牛同普通牛种公牛(冷冻精液)杂交时的繁殖特性

1. 受胎率低　由于牛种间生殖隔离机制的影响,种间杂交受精过程中两性细胞的融合力低,使母牦牛同普通牛种公

牛(冷冻精液)杂交时受胎率比牦牛纯繁时要低。青海大通牛场、甘肃农业大学等报道,在 1975～1978 年,用海福特公牛冻精同母牦牛杂交,受胎率为 43.59%;四川省红原县 1976～1980 年的受胎率为 44.51%。

母牦牛在发情季节不同的发情期内,种间杂交的受胎率也不同。凌成邦报道(1983),四川省红原县安曲(海拔 3 600米),1980 年参配母牦牛用同一批冷冻精液输精,第一情期的受胎率为 40.76%,第二、三情期重复配种的受胎率依次为21.55% 和 28.94%。

曾经产过种间杂种犊牛的母牦牛,再次种间杂交配种时,受胎率明显比首次配种时要高。四川省红原县瓦切牧场 1977年产过种间杂种犊牛的母牦牛,1978 年种间杂交配种的受胎率为 67.6%。

2. **妊娠期介于两亲本妊娠期之间** 青海大通牛场和甘肃农业大学报道(1982),海福特牛(冻精)同母牦牛杂交,妊娠期平均为 269±10.6 天(海福特牛为 285 天,牦牛为 255 天);捷尼索夫报道(1958),用瑞士褐牛及阿拉托乌牛的公牛同母牦牛杂交,妊娠期平均为 276.8 天。

一般认为,由于遗传特性,母牦牛的胎盘难以同杂种胎儿同步发育,或难以供应杂种胎儿所必需的氧和营养物质。若妊娠期延长,杂种胎儿生长发育过大,势必会造成胎儿缺氧。

3. **流产及难产多** 母牦牛怀杂种胎儿时流产率比牦牛纯繁要高,四川省红原县在 1976～1982 年间,种间杂交受胎母牦牛 5 623 头,流产 1 163 头,流产率为 20.7%。综合一些报道说明,流产的原因较为复杂。有种间生殖隔离机制的影响,胎盘赶不上杂种胎儿的发育;杂种胎儿在发育过程中因寒冷、缺氧等因素产生对母体子宫的刺激,导致子宫收缩而流产;以及营养和疾病等引起的流产等。因此，种间杂交中对妊娠母牦牛要做好防寒保暖、补饲草料、防治疾病等保胎工作。

在种间杂交中，特别用普通牛种中的大型肉用品种公牛时，难产率较高。四川省红原县在 1979 年种间杂交妊娠母牦牛共 1144 头，其中剖腹产占 5％，助产占 32.8％，此外还存在羊水过多症（占 8.16％）。因此，种间杂交时应选择体格大、后躯发育好的经产母牦牛专门组群参配，选择普通牛种中的中、小型品种作父本，以减少难产。

（三）母犏牛的繁殖特性

1. 发情　母犏牛和牦牛饲养在相同的草原生态环境下，但两者在发情季节、发情率、发情周期等方面有差异。

（1）发情季节　母犏牛在 5～11 月份均能发情或为发情季节，但主要集中在牧草生长旺盛的 7～8 月份（暖季），这两个月发情母犏牛占整个发情季节的 62.6％，其中 7 月份占 42.2％。比同一放牧条件下的母牦牛要提前 1 个月发情，而且发情相对集中。说明母犏牛对气候变暖、牧草生长的反应比牦牛要好。

（2）发情率　统计母犏牛 136 头，其中发情牛为 77 头，发情率为 56.62％，比牦牛较高。当年未产犊的母犏牛，统计 66 头，发情 63 头，发情率为 95.45％；在同一饲养条件下，当年未产犊的母牦牛发情率为 84.34％。当年产犊产奶的母犏牛统计 70 头，发情 14 头，发情率仅为 20％；同一饲养条件下，当年产犊产奶的母牦牛发情率为 36.6％，即产奶犏牛发情率比产奶牦牛低。因犏牛产奶量高，在青藏高原牦牛产区，对犏牛一般为两次挤奶，草地牧草难以满足其营养需要，造成 80％的当年产犊产奶犏牛不发情。

（3）发情周期　据配种记录统计 19 头犏牛，发情周期为 20.79±3.02 天，统计同草原放牧条件下的 53 头母牦牛，发情周期为 22.59±5.49 天。

2. **妊娠期及其他**　用海福特公牛(冻精)同母犏牛交配，妊娠期(n=25)平均为 278.6±4.12 天，妊娠母犊牛(尕利巴)为 282.6±7.84 天，公犊牛为 277.3±9.36 天，比母牦牛妊娠犏牛的妊娠期(平均为 269.0±10.57 天)长。

青海大通牛场和甘肃农业大学用同一海福特公牛冻精，在相同放牧、输精技术操作的条件下，给母犏牛、母牦牛输精，据 1975～1978 年记录统计，有关繁殖指标见表 5-7。

表 5-7　犏牛、牦牛用海福特公牛冻精配种的有关繁殖指标

牛别	发情受配头数	妊娠胎儿	受胎率		产犊率		犊牛成活率	
			头数	%	头数	%	头数	%
犏牛	211	海尕利巴	161	76.30	146	90.68	131	89.73
牦牛	117	海犏牛	46	39.32	31	67.39	30	96.77

四、种间杂交方式

种间杂种公牛无生育能力(雄性不育)，这一生物学机制尚未揭晓。在雄性生育力未恢复之前，种间杂种不能互交，在青藏高原不能培育含普通牛基因的新品种牛只。因此，牦牛和普通牛种的种间杂交只能是经济杂交或称商品性杂交。

(一)三元(或"终端公牛")杂交方式

普通牛种公牛同母牦牛杂交所生的母犏牛，再与普通牛种公牛(第三品种)交配，所生的尕利巴牛为三元杂种。牧民俗称这种杂交为"断子绝孙"的杂交，公犏牛和尕利巴、公母牛均用于育肥肉用。这种尕利巴牛不再进一步杂交，或停止用第三

品种公牛杂交,也称为"终端"公牛杂交。可获得较大的杂种优势或经济效益。在四川、甘肃等牦牛产区,先用奶用或奶肉兼用型品种公牛同母牦牛杂交,所产犏牛做奶用,这种犏牛产奶量成倍高于牦牛,可提高鲜奶及奶品厂原料奶的供给。

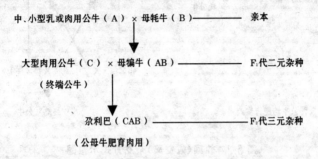

图 5-1　三元(或"终端"公牛)杂交方式示意图

　　三元(或"终端"公牛)杂交方式的特点:能使参配的三品种(种)的优良性状互补,使杂种牛的商品性更完善;尕利巴牛(三元杂种)不留做继续繁殖,杂交用母牛由牦牛和犏牛组成,不仅可减轻牦牛群提供母牛的压力,也便于参与杂交母牛群的管理;将大型肉用公牛同母犏牛交配,可减少难产,母犏牛产奶量高,有利于尕利巴牛哺乳期培育及提早出售;可与二元杂交和轮回杂交配套,避免生产传统级进杂交二代。

　　(二)轮回(或交叉)杂交方式

　　尕利巴牛(F_2)全育肥肉用,在一些牦牛数量少的牧户或地区,影响到基础母牛的数量。为保持一定数量的母牛和畜产品,需要将尕利巴母牛部分或全部留养繁殖。尕利巴母牛如果再同普通牛种公牛交配,所生假黄牛中牦牛基因仅为 12.5%(1/8),而且在青藏高原难以存活,这就要利用公牦牛参与种间轮回杂交(图 5-2)。

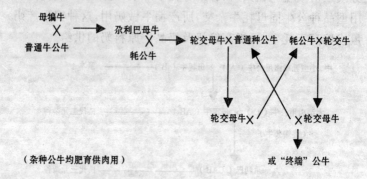

| 二元或三元杂交 | 轮回（或交叉）杂交 |

图 5-2　轮回（或交叉）杂交方式示意图

　　先用普通牛种（一品种或两品种）公牛同母牦牛、犏牛交配，所生尕利巴牛（牦牛基因组成仅 25%）用公牦牛交配，所生杂种（或称轮杂牛）又用普通牛种公牛交配，这样，普通牛种公牛和公牦牛对相继世代的杂种母牛轮回（或交叉）交配。即形成轮回杂交。

　　轮回（或交叉）杂交方式的特点：4～5 年进入交叉循环或普通牛种公牛和公牦牛对相继世代的杂种母牛轮回交配后，杂种母牛留作繁殖，无须由母牦牛补充，不影响母牦牛群的数量或牛群扩大；杂交用的母牛及所生犊牛都是杂种，固定地轮回杂交下去，杂种优势有所降低，但杂种（轮交牛）的基因组成中，普通牛种和牦牛大约互以 67%：33%（或 2/3：1/3）偏向于父本。杂种含牦牛基因始终不低于 25%，或比尕利巴牛要高；种间生殖隔离机制缩小，轮回杂交所生杂种母牛（轮交牛）的受胎率要比母牦牛高，还可减少难产；要提高杂交效果，必须保证轮回杂交所用的公牛和杂种母牛无血缘关系；还可与

"终端"公牛杂交配套,即含牦牛基因组成 67％的轮交母牛,产 2 胎后可与"终端"公牛杂交,所生杂种牛无论公、母均育肥供肉用。

五、种间杂交中应考虑的一些问题

(一)父本的选择

选用哪一个普通牛种的优良品种作为父本,一般要进行杂交组合试验或配合力测定,与配母本(牦牛、犏牛或轮交杂牛)的组成及饲养管理条件也应尽可能一致,这样杂交结果才有可比性,会更适合当地条件。父本必须是纯种,购买冷冻精液时,应查阅供精公牛的资料。在舍饲条件较差的地区,先选择中、小型普通牛种品种为好。例如,海福特牛、安哥斯牛、西门塔尔牛、黑白花牛等。虽然大型肉用品种牛的杂种在暖季增重快,但在冷季新陈代谢高,维持营养需要的多,饲牧管理条件跟不上,反而减重多或更容易乏弱。

(二)杂种牛含牦牛基因组成不低于 25％

简单地讲,基因组成(含血)表明某一亲本在杂种牛上可能具有的遗传性。从杂种个体的基因组成上分析,可大体能使人们对该杂种牛有一个概括的印象和初步的估计,但杂种实际所表现的性状,也未必完全与基因组成相吻合。这是一个较复杂的遗传学问题,涉及基因型与表现型、遗传与环境的关系等等。特别是环境条件对牛的生产性能影响很大,杂种牛对环境较为敏感。

高山草原的冷季长,杂种牛出生后的较长时期或一生都要依附于高山草原牧草与生态条件。含牦牛基因太高,则成熟晚,生产性能低,起不到种间杂交的效果。根据对孕利巴牛适应性和生产性能的分析,初步考虑种间杂种牛含牦牛基因的组成以不低于 25% 为好。

(三)加快产业化的进程

提高商品率或经济效益,是牦牛种间杂交的主要目标。达到这一目标最有效的方法是产业化。随着国家西部大开发及生态环境建设工程的实施,采取"龙头企业＋牧户"的产业化模式,形成种间杂交、肉牛育肥、产品加工及营销服务等配套体系,才能使杂交工作持久、高效地进行下去。产业化生产,有利于在杂交或牛源基地上统一杂交计划、架子牛育肥等标准化。可减少杂交的盲目性和加快出栏;有利于冷冻精液配种站的布局及按杂交计划引进冻精,不仅节约人力物力,还可防止近亲交配或杂交混乱;有利于经营管理、推广新技术和信息交流等。

第六章　牦牛的饲草料加工技术

一、青干草

青干草是将青绿牧草（或燕麦、苜蓿等饲料作物），在未结籽实之前，刈割后晒干（或用其他方法干燥）而成的饲料。由于干燥后仍保留有一定的青绿色，故称青干草。

（一）牧草适宜的刈割期和青干草调制的道理

要在牧草产量高、质量好的时候刈割。禾本科牧草一般适宜刈割期在抽穗阶段，豆科牧草在孕蕾期至开花阶段。如果是天然牧草或混播牧草，即在一块草地上有几种牧草时，由数量最多的草的情况来决定。晒干草时，还要注意天气变化，遇阴天多雨时，宁让草老一些，也不要急于刈割使牧草发霉变质。

将刈割青草迅速干燥至含水量在 $14\%\sim17\%$ 之间，使植物细胞迅速死亡，减少养分的损失，达到较久贮存的目的。一般 $3\sim4$ 千克青草能晒干草 1 千克。青绿牧草叶片里面养分最多，所以晒干草时一定要想方设法保留叶片或防止过干使叶片脱落。特别是豆科牧草的叶片往往比茎秆干得快，晒干草时常因茎秆未干就曝晒、久晒，结果叶片过干脱落。因此，要勤翻和及时堆垛，在堆垛或拆垛饲喂时也要注意防止叶片脱落。

（二）青干草的调制方法

1. **自然干燥法**　根据天气预报，在 $3\sim5$ 天内天晴无雨时刈割，将割倒的青草铺在地上翻晒 $1\sim2$ 天，使其大量失水。如果天热日照强，第二天下午可堆成疏松的小堆或长条，减少曝晒面积,使其继续干燥,随着青草含水量的下降(含水在20%～25%),再将小堆并成大堆干燥。青干草湿度或含水量在14%～17%时,即可打捆运输,进行堆垛、贮存。

青干草湿度或含水量在15%～17%时,用手紧握有微凉的感觉,拧不出水来,松手可散开,但散开得不彻底,这样的干草就可打捆贮存。如果一拧就断,发出喀嚓声,用手紧握干草有明显的凉感和沙沙响声,表明晒得太干,估计含水量在15%以下。干草易拧成辫条,松手后几乎不散或散开得很慢,估计含水在17%以上,还不宜打捆贮存。

2. **自然风干法** 在牧民定居点或冷季棚圈周围,有晒草木架,把青草刈割后搭在木架上风干。这种方法的好处是通风好,干得快,比晒干草能保存较多的营养成分,挪动方便,适于在多雨潮湿地区或青草数量较少的牧户采用。

选择晴天刈割牧草并平铺晾晒,使其半干,然后上木架风干。木架的形状较多,常见的有:

(1)"人"字形架 根据风干草量做两个以上的"人"字形木架,用横木连接起来,两个坡面搭半干草,中间通风。也可靠院墙、畜圈墙斜搭木柱,用横木连接,在斜坡面上搭半干草。

(2)三角锥形木架 用3～4米的3根木柱,上端捆住,下端置于地面分开呈三角锥形,然后在角架上用横木(棒)连接成多层,自上而下搭半干草风干。

此外,还可因地制宜采用木桩、树干下挂草风干。

自然晒干、风干的青干草,牧草营养物质损失较大,调制好的干草养分损失约10%～20%,差的损失可达35%～40%。

3. **人工(干燥机)干燥法** 国内外的一些饲料厂,将刈割的青绿牧草送入干燥机,经几秒钟高温干燥,然后贮存或制成干草粉,或加工成配合饲料。养分可保存90%～95%。

(三)青干草的贮存

青绿牧草干燥后应集中堆成草垛贮存起来,草垛要选择在高燥、利于排水又靠近棚圈的地方。草垛可以是圆、方、长方等形状,大小依干草数量来定。草多时可堆成长方形垛(长8～10米,中宽5～6米,高7米)。无论何种形状,下部要窄小,中部宽大,顶部呈屋脊状,以利排水。

牧民群众在贮存干草上有很多好经验:如用石头筑垛台(高30～50厘米),使垛台空起;在垛台中间栽1根长木柱,再堆垛,不仅中间通风防霉,还可防草垛倒斜;在垛台中间先放上一草袋(牦牛毛口袋填草),再在周围堆垛,把草袋不断往上提,堆到顶时将袋抽出,成为空心草垛;在垛台上先放1层小麦秸秆或干灌木枝条,再垛草1米厚,再加1层小麦秸,这样一层一层地分层垛好,小麦秸吸收青干草的水分可防霉,同时能使小麦秸柔软、有青干草味,牛只喜采食。

草垛堆好以后,最好用麦秸或稻草编个草顶覆盖青干草,也可覆盖麦秸并用草绳网起来,最后用黑色塑料薄膜覆盖或用草泥灰墁过。对草垛要经常检查,及时修整下沉或漏水处、顶部覆盖的塑料膜及泥皮破损处等,还要注意防火。拆垛饲喂时,先从背风的一面取草,逐渐向里,一次取1～2天的喂量即可。

(四)对青干草品质的要求

优质青干草要基本保持绿色或浅黄绿色,保存较多的叶片,具有芳香的草味。

禾本科青干草在穗上没有种子,说明在抽穗阶段刈割。如果有种子存在,茎秆下呈小麦秸秆黄色,说明刈割过迟。

豆科牧草的青干草如仅在植株下部2～3个花序上有种

子,说明是在开花时刈割的。如果所有花序上都有种子,茎下部呈褐色,说明刈割过迟,其品质较差。

二、青贮料

把各种青绿多汁饲料,如青燕麦、玉米秸秆,胡萝卜、马铃薯、甜菜及芜菁茎叶,苜蓿及草原青绿草等,密封埋在地窖或青贮塔内贮存起来,到需要时开窖喂牛,就是青贮料,俗称埋草或草罐头,是保存青绿多汁饲料的好方法,国内外养牛场普遍使用。青贮料比青干草有很多优越性:能较多地保存饲料的养分,改善饲料的品质,提高利用率和消化率;延长贮存时间,能杀灭饲料中的病原微生物,经济安全;可以解决冷季饲料的不足等。

(一)青贮的道理

青贮料是将青贮原料(一般含水 65%～75%之间),经铡短或铡碎、压实、密封在窖内,造成一个不通气的环境,随着发酵、发热,造成无氧环境,乳酸菌利用青贮原料中的糖分等养料,迅速繁殖,通过发酵作用产生乳酸,用大量的酸杀死腐败菌、霉菌等,随着乳酸不断的积累和达到一定的程度,乳酸菌本身也停止活动,所以能把青贮原料中的大部分养分保存下来,如果密封不开窖,青贮料可经久不坏。

(二)对青贮原料的要求

为了使乳酸菌能大量繁殖,使青贮料制作效果或品质更好,首先要选择、搭配青贮原料。青贮方法虽简单,但对原料要求严。

1. **青贮原料含水量要求在 65%～75%** 青绿牧草、菜叶等含水量过高可晒半天,或加入含水少的饲料(如秸秆等)混贮。如果原料含水分不够时，可在装窖时分层洒水。块根块茎类（如芜菁、胡萝卜、马铃薯）含水量大，青贮时一般要与秸秆、秕壳等以 3～4：1 的比例混贮。

现场用手紧捏估计青贮原料含水量的方法是：如水从手缝间滴出，原料含水量约 75％以上；当铡得细碎的青贮原料紧捏后，松开手仍呈球状，手也有湿印，原料约含水量 68％～75％；当手松开后，草球慢慢膨胀，手上无湿印，其含水量约60％～67％，适于豆科牧草青贮；当手松开后球立即膨胀，含水量约在 60％以下。

2. 青贮原料应含有一定量的糖分　青贮原料中的乳酸主要由原料中的糖分转化而来。原料含糖量过少，乳酸生成少而缓慢，容易腐败。根据饲料干物质含糖量，可将原料分为易青贮类（玉米、高粱、禾本科牧草、胡萝卜茎叶、芜菁等）与不易青贮类（苜蓿、草木犀、箭偛豌豆等豆科牧草和马铃薯秧、瓜蔓等），两类应搭配混合青贮。如玉米植株中含糖量占其干物质的 26％，紫花苜蓿中仅为 3.72％。苜蓿中含糖量少而含蛋白质高，因而不能单独青贮，玉米和苜蓿以 2～3：1 混贮，苜蓿草不要超过原料的 1/3。如果玉米、禾本科牧草少时，还可加一些麸皮、玉米粉等。

3. 青贮原料要新鲜、切碎或铡短　新鲜的青贮原料植物细胞尚未死亡，还可继续呼吸消耗窖内余氧，同时产生热量。原料切碎、铡短或压扁后，可以分泌出糖汁（液），均有利于乳酸菌加快繁殖，产生乳酸。

（三）青贮建筑或设备

1. 青贮窖或青贮壕　一般采用长方形或圆形窖，有条件的地方用石块、砖和水泥等建成；也可建成土窖，用塑料膜铺底部及四壁，但这种窖不耐久，青贮料出现霉变也较多。新挖的土窖要四壁光滑,并在青贮前 3～4 天挖成,四壁自然风干后才可装青贮料。旧窖在青贮前要清扫、补漏洞及用石灰水消毒,最好晒几天后再装原料。

建窖地点要选择距牛棚圈近、地势较高、排水方便、地下水位较低、背风向阳的地方。地下水位高的地方,不能挖地下窖时(水泥窖除外)可以考虑修建半地上窖或地上窖,但在高寒牧区建这两种窖时要注意保温。

窖的大小可根据青贮原料数量或牛群的需要量来决定。每 1 立方米平均可贮青贮料 0.5～0.6 吨。窖宽与深的比例一般为 1：1.5～2 为宜。青贮窖容积计算:

圆形窖＝3.14×半径的平方×窖深

长方形窖＝窖长×窖宽×窖深

2. **地面堆贮** 堆贮是在圈舍运动场边或空地上用砖块、石头和水泥铺设平坦的长方形地面(有的修三面墙,靠运动场的一边敞开),在上面青贮的一种形式,在国外一些大型牛场采用的较多。这种青贮当原料堆压实后,在青贮料的表面盖上塑料膜,压上石袋(或水泥板、废汽车轮胎、土等),节省建窖的投资。开窖后每天横切 1 次青贮料,让牛自由采食,省时省力,但青贮料的品质稍差,在高寒牧区的冷季,青贮料冻结后牛难以采食,应注意保温,防冻结。

3. **塑料袋青贮** 在美国的玉米带,常采用圆筒塑料袋(直径 3 米,长 31 米)将玉米穗轴(或其他青贮原料)铡碎后,由特殊的机器水平装入袋中,青贮料含水分要求为 60%,1 袋约装入 60 吨,用来饲喂肉牛。还有一种青贮装置是将青贮原料(包括青草)捆压成圆捆,外面裹几层塑料或装入塑料袋中。国内也试用小型的塑料袋青贮,效果好。

(四)窖贮青贮料的方法

调制青贮料是季节性强、需要劳力多的工作,要及早安排好原料的刈割或收购、机械维修等工作。做到原料当天刈割、当天青贮入窖,在 2～3 天内装满窖后封顶。原料在窖旁铡碎,长度一般为 2～3 厘米(约 1 寸长),当原料较多时应该使用铡草机,较短的青草可以不铡。

在青贮原料搭配及含水、糖分适宜的情况下,装窖时的踩实压紧和密封是青贮成功或失败的关键。踩压得越实越好。装一层(厚约 10～15 厘米),踩一层,用人踩、石夯或拖拉机压。踩压时要特别注意将窖壁或角落的原料踩实。为赶青贮的进度,一层的原料如过多过厚时,就难以踩实。通常第一次青贮失败的原因就是一层装得太厚,踩了几下又装一层。原料要装出窖面 50～60 厘米,长方形窖(壕)呈弓背形,然后封窖。

封窖时,在原料上面盖 1 层秸秆或长草(厚约 30 厘米),最好盖 1 层塑料膜,然后盖土踩实,盖土厚度至少 50 厘米,土少时可压石头等,过 2～3 天后,窖顶下陷,要再加土 1 次,此后要经常检查和加土,以防下沉裂缝透气,或雨水渗入。

(五)开窖喂牛

青贮窖封窖后,一般经过 40 天以上就可开窖喂牛。长方形窖应垂直一段一段地按需要取用,即分段将顶上的覆盖土取掉或将塑料膜揭起,取用青贮料后及时盖好塑料膜,特别是冷季要用麦秸盖严,以防青贮料冻结或雪水流入。

青贮料有酸味,所以喂牦牛时要有一个适应采食的过程,起初不愿采食,先少量喂给或在青贮料中撒少量食盐,或将青贮料拌入干草中喂给,习惯后再逐渐增加青贮料的喂量。成年牦牛一般日喂量约 5～10 千克。妊娠后期的母牦牛喂量要少,防止流产。冷季青贮料容易结冰,要设法防冻或融化后再喂。

(六)对青贮料品质的要求

上等或优良的青贮料呈绿色或黄绿色,有较浓的酸香味,如同酒糟,质地柔软,稍湿润,茎叶基本保持原来的形状或叶脉清晰。

中等青贮料呈黄褐色或暗绿色,有较浓的醋酸味,质地柔软,稍干。

下等或低劣青贮料呈黑色或褐色,有霉味或臭味,质地干燥,带有黏性或黏结成团,甚至发霉黏结成大块,说明已腐败变质,不宜喂牛或其他家畜。

三、秸　秆

秸秆是农作物成熟脱去籽实后的剩余茎叶,如麦秸、谷草、稻秸等。秸秆是农区产量最多或喂牛的主要饲草。据有关方面统计,我国秸秆作为饲料的用量约为产量的 20%,说明潜力很大。广大牧区随着交通运输等条件的改善,从周边农区大量收购秸秆,作为冷季缺草或大风雪灾害时喂牦牛的饲草,这已成为一些牧区贮草备冬的措施之一。

秸秆所含的养分及可消化性偏低,适口性比青干草和青贮料差。近年来,我国各地开展秸秆的加工、调制,提高其适口性或可消化性,收到了良好的效果。

(一)秸秆的一些特性

秸秆中粗纤维含量高,其中有难消化的木质素。按统一饲料分类法,凡含粗纤维 18% 以上的属粗饲料。各种秸秆粗纤维含量在 31%～45% 之间;可消化粗蛋白质含量低,但豆秸比麦秸的可消化粗蛋白质含量高,如 1 千克麦秸中含 3～5克,1 千克豌豆秸中含 47 克;矿物质含量虽高(达 11%),但大部分为硅酸盐类,不但难以消化,也影响其他养分的消化吸收,矿物质中钙、磷含量低,比例也不平衡;维生素、胡萝卜素含量很少。

由于秸秆中含木质素 9%～14%,其灰分中含硅酸盐高达 30%,使秸秆坚硬光滑,消化液难以浸入,故干物质消化率较低,牛一般在 50% 以下。

秸秆营养价值虽低,但体积大,是牛不可缺少的粗饲料,可满足牛瘤胃容积大(或吃饱)和消化的生理需要。

（二）碱化秸秆

用一定浓度的碱液对秸秆进行处理,可提高纤维素、半纤维素的消化率。如用生石灰或熟石灰碱化,还可增加秸秆中的含钙量。碱化秸秆多用于麦秸、稻秸,不碱化豆秸,因豆秸中粗蛋白质含量较高,碱化时易破坏,得不偿失。

用 1% 生石灰液或 3% 的熟石灰液(上层的澄清液),在水泥池中浸泡铡短的秸秆,每 100 千克石灰液可浸泡秸秆 8～10 千克(以石灰液浸没秸秆为限),经 10～20 小时后捞出,滤去秸秆中多余的碱液,不经冲洗就可喂牛。池中用过的石灰液可补充一些新配的石灰液后再用,一般浸泡 3～4 次后弃去,再重新配制石灰液。

（三）氨化秸秆

氨化秸秆一般用液氨,需要的设备多,在牧区贮存、运输及操作均不方便,而且处理不当会对人体有害。用尿素、碳酸氢铵(下简称碳铵)氨化秸秆,效果仅次于液氨,而且二者来源广,牧区一家一户利用安全方便。氨化时可溶解软化一部分纤维素,还能增加秸秆蛋白质的含量。

将秸秆称重,在 5℃～10℃ 下氨化时,每 100 千克秸秆加尿素 3 千克,或碳铵 6 千克;在 20℃～27℃ 下氨化时,每 100

千克秸秆需加尿素 5.5 千克或碳铵 12 千克。将尿素或碳铵溶于水中，搅拌均匀，每 100 千克秸秆（干物质）加水量为 60 千克。为了加快尿素分解为氨的速度，在秸秆中可加入少量含尿酶丰富的物质如大豆面。如果尿素用量过大而又未分解，尿素大量留在秸秆上，喂牛后有尿素中毒的可能。

将溶解的尿素溶液，用喷壶喷洒在长的或铡短的秸秆上，边喷洒，边搅拌，一层一层地喷洒和踩压，一直到堆垛顶或窖顶，再压实，用塑料膜覆盖，压紧后密封，四周压土。氨化 4～8 周后就可开窖，喂前将氨化秸秆晾晒 3～7 天，才可喂牛。

如果氨化秸秆含水量大，可将堆垛的秸秆全部晾晒，干燥后放入草棚或房内备用。

氨化好的秸秆呈棕色或深黄色，发亮。质地柔软，气味糊香。如果颜色与未氨化的秸秆一样，说明没有氨化好。颜色变白、灰色甚至发黑、结块，有腐烂味，就不能喂牛。

垛或窖顶覆盖不严、塑料膜破损而漏气跑氨，跑氨后又渗进雨水，秸秆含水量过大或喷洒的水量过多，都会使细菌大量繁殖，造成秸秆发霉变质。

四、精　料

（一）能量饲料

谷物籽实（大部分是禾本科植物成熟后的种子）及其加工副产品（如麸皮等）属于能量饲料。干物质中粗纤维含量在 18% 以下，粗蛋白质含量在 20% 以下，而无氮浸出物（主要是淀粉）占 67%～80%。这类饲料体积小，营养成分高，消化率高。如玉米中的无氮浸出物，牛的消化率为 90%。喂牛后可大量沉积体脂肪。这类饲料的不足之处是粗蛋白质含量低，含钙量少(一般低于 0.1％)而磷多(0.31％～0.45％),这样的钙磷比例不适于各种家畜。

（二）蛋白质饲料

豆类作物籽实、油料作物籽实及油渣(也称油饼)等,含粗蛋白质在 20％以上,粗纤维在 18％或 18％以下。粗蛋白质含量高,消化率也高,为蛋白质饲料或蛋白质补充饲料。能补充其他饲料(如谷类)中蛋白质的质和量的不足,以达到牛的营养平衡。

此外,还有动物性蛋白质补充饲料,如肉骨粉、鱼粉、血粉、乳品加工副产品、羽毛粉等,这类饲料含蛋白质很高,蛋白质的品质也很好。

（三）配合饲料

配合饲料是在家畜营养学原理的指导下,根据家畜的生理状态和一定的生产性能,确定其对各种营养物质的需要,再用多种饲料混合配制加工而成的混合精料,由饲料厂专门生产。

配合饲料的特点是:能保证或满足不同牛的营养需要;科学合理地利用各种饲料资源,降低饲养成本;各种饲料添加剂经机械粉碎后混合均匀,保证饲喂安全;可以直接饲喂或加工成颗粒饲料,适应养牛业规模生产的需要。配合饲料的主要类型有:

1. 添加剂预混料 由营养物质添加剂(微量元素、氨基酸、维生素等)、非营养物质添加剂(抗生素、中草药驱虫剂、抗氧化剂等)加谷物粉,按一定比例或规定量混匀而成,可供生产平衡混合饲料用。

2. 平衡用混合料 由蛋白质饲料、矿物质饲料和添加剂预混料按家畜营养科学要求或配方加工而成,可供生产精料混合料等用。

3. **精料混合料**　由平衡用混合料和精料加工而成。多为牛的加工精料。说明书上注明精料混合料的喂量,以及喂给多少粗饲料等。

精料应贮存在干燥、通风、不漏水的房中,在贮存的地面垫木架或粗树枝,以流通空气。料堆不宜过大,防止自然发热变质。可用灌木枝编一细长圆筒,置于料堆中央,增加通风,必要时要翻晒。此外要防鼠及蛀虫。

五、尿素和铵盐

尿素 $[(NH_2)_2CO]$ 是氨和二氧化碳在高压下化合而成的。为白色、无臭、易溶于水的结晶,稍带咸苦味。1917 年德国首先喂牛,以后逐渐在各国广泛使用,有的国家尿素饲喂量超过农业用量。我国历史上早有用尿喂牛的记载,尿中含有尿素。

尿素的含氮量为 44%～46%,100 克的尿素相当于 200克可消化粗蛋白质的含氮量,1 千克尿素相当于 7 千克大豆饼中蛋白质的含氮量,或 26～28 千克谷物饲料中蛋白质的含氮量。

一般来说,牛的蛋白质饲料普遍缺乏。在牛的饲料中缺乏蛋白质,将会影响到牛的生产性能和健康,即引起瘤胃微生物发酵作用减弱,导致消化机能降低,增重或产奶量下降,繁殖机能紊乱,抗病力减弱。在牛日粮中缺乏蛋白质的情况下,补饲尿素和其他非蛋白含氮物,不仅效果好而且可降低产品成本,也比较安全。因此,应广泛推广尿素喂牛。

(一)尿素喂牛的道理

尿素进入牛的瘤胃后,很快溶解,并被瘤胃微生物产生的脲酶水解为氨和二氧化碳。尿素所产生的氨,同饲料蛋白质在瘤胃中降解产生的氨一样,都是牛瘤胃微生物合成蛋白质的氮源。100克瘤胃内容物能在1小时内将100毫克尿素水解为氨,瘤胃微生物再利用这些氨合成其自身的蛋白质,即用于繁殖或生长。微生物随同食糜进入牛的真胃和肠道,被消化液杀死后,作为蛋白质营养被牛体消化、吸收,参与牛体的代谢。

(二)影响牛瘤胃对尿素或铵盐利用效率的有关因素

1. **与氨的释放速度或浓度有关** 当氨在瘤胃中产生的速度过快时,微生物来不及全部利用,一部分氨进入血液并最后到肝脏中,再转变为尿素随尿排出,在饲养上造成浪费。当从胃壁进入血液中的氨浓度过大时,还会造成氨中毒。因此提高尿素利用率的关键是设法降低氨的释放速度。

2. **与日粮中蛋白质的含量有关** 日粮中蛋白质含量低时,补饲尿素能代替部分饲料蛋白质。日粮中有丰富的蛋白质或喂全价日粮时,再补饲尿素则无效。瘤胃微生物利用尿素的能力是有限的。据报道,尿素喂量超过日粮总氮量的35%时,牛对尿素的利用效率就会显著下降。

3. **与日粮中碳水化合物的种类和数量有关** 瘤胃微生物利用氨时,需要碳水化合物提供能量,还需要磷、硫等矿物质。即日粮中碳水化合物的种类和数量,直接影响尿素的利用效率。其中纤维素提供微生物养分的速度太慢,糖则太快,而以淀粉的效果最好,熟淀粉比生淀粉好。可见在喂给大量青、粗饲料的同时,补饲尿素和高淀粉精料(如玉米),并补充矿物质,可以明显提高尿素的利用效率。

（三）喂量和饲喂原则

1. 喂量 一般要按照日粮的组成和实际缺少蛋白质的量来决定尿素的喂量,用尿素代替牛日粮中蛋白质的 1/4 到 1/3 是最有效的,或占日粮干物质的 1%,精料喂量的 2%～3%。也可按牛的活重计,每 100 千克活重喂尿素 20～30 克。

产奶牛每头日喂量为 100～120 克,6 月龄以上的幼牛为 40～50 克,育肥牛为 50～90 克。

用尿素代替大豆饼,价格低廉,但要补充能量来源。即喂 1 千克尿素(代替 7 千克大豆饼)须加 6～7 千克玉米或其他谷物精料。在喂给青饲料或青贮料比例大而易消化碳水化合物含量低时,则尿素的日喂量应减少 1/3～1/2,否则要补充玉米或谷物精料。

2. 饲喂原则 为确保饲喂安全,喂尿素时必须遵循下列原则:尿素要仔细混合于饲料中,通常和精料混合在一起,不能单独饲喂;使牛逐渐习惯采食尿素,使瘤胃微生物逐渐适应并利用尿素分解所产生的氨。开始每头成年牛每天喂给 10～20 克,在 10～15 天内(或称习惯期)达到规定喂量;日喂尿素量要分两次等分喂给,喂后不能立即饮水;禁止将尿素溶于水中喂牛;在饲喂尿素的过程中,不能间断,因故中断数日,再喂时要重新使牛只习惯;不宜同时和含脲酶丰富的大豆、豆饼等一起喂;犊牛在 2 月龄前不能喂尿素,因瘤胃微生物数量不足。

（四）利用尿素的一些方法

1. 尿素青贮料 青贮玉米秸时加入尿素,是利用尿素的方法之一。每吨青贮原料,加尿素 5～6 千克,与没有加尿素的青贮料相比,不仅可提高粗蛋白质含量(约提高 70%),而且减少了发生中毒的可能性(青贮中含有各种有机酸)。

玉米在乳熟至蜡熟期收割青贮时,每吨加尿素 5 千克(1份尿素加 2 份水配成溶液均匀喷洒)。制成的尿素青贮料,与相同原料不加尿素的相比,前者含蛋白质为 4.09%～4.49%,后者仅为 2.05%～3.28%;粗蛋白质消化率相应为77%和 66.5%。

收割较晚的玉米秸青贮时,植株含糖量显著减少。因此,尿素的用量要相应减少,每吨加尿素 2.5 千克。如尿素用量过多,会延缓青贮的发酵过程,影响青贮的质量。加有尿素的青贮料,因酸度较低,天气转暖后开窖饲喂时容易变坏。

对在青贮时没有加尿素的青贮料,还可在饲喂前加入,可降低酸度,改善适口性。

2. 尿素秸秆颗粒饲料 秸秆含蛋白质低,可将秸秆或禾本科牧草粉、精料、尿素和矿物质等混合压制成颗粒饲料,这样喂牛效果好。参考配方(%):

配方Ⅰ:小麦秸 70,谷物精料 11,甜菜渣 13,尿素 5,食盐及矿物质 1。

配方Ⅱ:秸秆 55,谷物精料 40,尿素 3.5,食盐 0.8,磷酸氢钙 0.7。

3. 尿素精料 为补饲用的精料,主要是补充蛋白质。参考配方(%):

配方Ⅰ:谷物 63,干草粉 15,尿素 10,硫酸钠 2,磷酸氢钙5,食盐 5。每 1 千克含可消化粗蛋白质 325 克;育肥牦牛活重低于 200 千克时,尿素含量应降为 5%～6%。

配方Ⅱ:谷物 40,干草粉 40,尿素 8,硫酸钠 2,磷酸氢钙5,食盐 5。每 1 千克含可消化粗蛋白质 260 克,可喂育肥牦牛。

补饲尿素精料时,也应有一个习惯期和不能超过尿素日喂量,除遵守尿素饲喂原则外,尿素精料喂前不能浸湿(加水拌草)、蒸煮、发酵或与液体饲料混合,否则会引起中毒。

4. 尿素舔砖 为放牧牦牛补充尿素、食盐和矿物质的专用尿素舔砖或圆形饼,供牛只在草场或圈地舔食。参考配方(%):

配方Ⅰ:尿素40,食盐及矿物质30,糖蜜或玉米粉20,其他(成型剂或凝结剂)10。

配方Ⅱ:尿素18,磷酸氢铵37,食盐及矿物质15,玉米粉或禾本科精料粉20,其他10。

将各种原料(除糖蜜外)放入搅拌机搅拌(5分钟)或人工充分混匀。成型剂可选用膨润土,凝结剂可选用无毒的水泥(硅酸盐),以提高尿素砖的强度。糖蜜是糖厂的副产品。将糖蜜加热软化后加入经过搅拌的原料中,并再次搅拌混匀,最好再置入炒锅(或铁板盘)中小火或温火翻炒,当糖蜜均匀附着于原料并稍冷却后,加入机械或模具中压制成砖。购入或压制好的尿素砖应贮存在通风干燥的室内,使砖块充分干燥,防止受潮和日晒。

将尿素舔砖固定于棚圈内或距水源远的牧地,逐渐增加舔食量,日舔食尿素量成年牦牛不得超过80克,6月龄以上幼牛40克,或以配方Ⅰ制成的舔砖相应为200克,100克。并遵守尿素饲喂原则。

(五)铵 盐

铵盐喂牛,具有同尿素一样的道理和饲喂原则,过量也会发生中毒。

1. 磷酸氢铵 磷酸氢铵[NH_4HPO_4],为白色或稍带黄色的结晶粉末或颗粒。易溶于水,具有氨水气味。含氮19%~20%。同尿素配合使用效果好。不仅可补充牦牛蛋白质不足,

而且补磷,一举两得。一般配合比例为尿素1份,磷酸氢铵2~
2.5份。如每天在精料或青贮料中拌入尿素35克,磷酸氢铵
70克,喂育肥牦牛效果较好。但不要把磷酸氢铵作为惟一的
补充物大量喂牦牛,以防牛采食磷过多,造成钙、磷不平衡或
钙、磷比例失调。

2. **硫酸铵**　硫酸铵$[(NH_4)_2SO_4]$,为白色结晶,工业出
售品为晶状粉末或颗粒,易溶于水,无气味。在20℃下,100毫
升水可溶解75.4克。焦炭化学工业出产的含杂质较多的制品
不能喂牛。硫酸铵含氮21.2%,含硫25.6%。最好和尿素混
合使用,比单独喂效果好。因为含有硫,对尿素的吸收有利,一
般日粮如缺乏蛋白质时,其含硫量也低。

一般是尿素1份和硫酸铵2~3份混合喂牛。在青贮料中
加尿素和硫酸铵的混合物后,硫酸铵中的大部分硫,用于合成
在蛋白质代谢中起重要作用的蛋氨酸、胱氨酸。据前苏联畜牧
研究所的资料,饲料青贮后这两种氨基酸的含量由3.1%提
高到5.3%。

3. **碳酸氢铵**　碳酸氢铵$[NH_4HCO_3]$,为白色结晶粉末。
溶于水,在20℃时其溶解度为18%。极易分解为氨和二氧化
碳,在温度升高时全部溶解,因此,使用时要注意。碳酸氢铵含
氮17%,价格比尿素低,但极易挥发,氨味又很浓,故贮存、使
用不方便。

可用碳酸氢铵制作青贮料,也可掺入精料中喂。成年牛日
喂量为200~250克,6~12月龄牛为100~120克。应逐渐使
牛习惯采食,最好单独逐头喂给,防止中毒。喂前应将碳酸氢
铵磨细,在精料中搅拌均匀。有些作为肥料用的碳酸氢铵因含
杂质多而呈灰色,不能喂牛。

（六）防止尿素或铵盐中毒

尿素喂牦牛时不遵守饲喂原则，就会发生尿素中毒。例如尿素喂量过大，或将日喂量1次喂给；尿素溶解于水中饲喂；使用尿素舔砖时，由于雨淋变软，牛只舔食量过大等。凡此种种，致使尿素在瘤胃中分解成氨的速度过快，瘤胃微生物来不及利用，过剩的氨由胃壁进入血液及肝脏中，由于氨的浓度不断升高，超过肝脏或牛体的解毒能力，就会发生尿素中毒，严重时还会造成死亡。

牛如果发生尿素中毒，一般在采食后15～40分钟出现症状。中毒症状开始为动作紊乱或表现不安，全身发生痉挛，牛只表现出难受或多汗、瘤胃弛缓、反刍减少或停止，唾液分泌过多，最后呼吸困难而死。如不严重则经过2～3小时后逐渐减轻，6～7小时恢复正常。

在中毒初期，为制止尿素继续分解，可中和瘤胃中的大量氨，最简单的治疗方法是灌服2%的醋酸溶液2～3升。牧区可灌服酸乳或酸乳清4～5升，也可灌服一些食醋解毒。同时灌服30%的糖水1～1.5升。

六、牦牛补饲可利用的其他饲料

（一）树　叶

树叶可作为牦牛的饲料。它含有蛋白质、脂肪、碳水化合物及丰富的维生素及微量元素。人工干燥的树叶粉，每1千克针叶粉含可消化粗蛋白质37克，阔叶粉为37～40克。阔叶如杨、白桦叶等，针叶如各种松针等都可作为饲料。

在冷季补饲一些树叶粉，对牦牛具有良好的作用。树叶粉可占牛配合饲料的3%～5%。有些树如青冈（又称橡树）、金雀花等的叶片中含有毒物质,不能作饲料用。

(二)玉米芯粉

玉米芯是脱粒后的玉米棒子。每 100 千克粉碎玉米芯含可消化粗蛋白质 1.5 千克,即含蛋白质低,饲喂时要补充蛋白质或加喂尿素。参考配方(%):

配方Ⅰ:玉米芯 40,秸秆 40,麸皮和谷物 10,糖蜜或玉米粉 5,尿素 4,食盐及其他矿物质 1(或各 0.5)。

配方Ⅱ:玉米芯粉 80,麸皮和谷物 8.5,糖蜜或玉米粉 5.5,尿素 5,食盐及矿物质 1。

(三)向日葵花盘

向日葵花盘含有一定的脂肪(3.5%~5.5%)和纤维素,富含钙和磷。鲜葵花盘含水分高(25%~30%),易腐烂,一般采用自然或人工干燥贮存。每 1 千克人工干燥葵花盘粉,含有可消化粗蛋白质 60~70 克。青贮是保存葵花盘的最好方法,每 100 千克葵花盘青贮料一般含可消化粗蛋白质 3~4 千克。

(四)葡萄渣粉

葡萄渣粉是由葡萄酒加工厂的葡萄渣经干燥粉碎而成,含粗蛋白质 12%~15%,脂肪 6%~9%,可制作配合饲料。据前苏联试验,在基础日粮中加入 10%和 20%的葡萄渣粉喂牛,平均日增重相应为 909 克和 923 克,而未加葡萄渣粉的对照牛群日增重仅为 882 克。

(五)茶　渣

茶渣是加工速溶茶过程中的一种剩余物,是牛的优质蛋白质饲料。其干物质含粗蛋白质为 32%,氨基酸组成与鱼粉相似。是产奶牦牛、生长期幼牦牛较好的饲料。在喂给秸秆或含蛋白质较低的禾本科草料时,补饲茶渣效果好。

(六)鸡粪粉

国外加工鸡粪作为牛的饲料。鸡粪中残留的营养物质不少,平均含粗蛋白质 32%。鲜鸡粪不能直接喂牛,要经过灭菌、脱臭、干燥和粉碎制成鸡粪粉才能作为饲料,这才能保证饲喂的安全。鸡粪粉适口性差,尤其在脱臭不良时牛只不愿意采食。日本的资料指出,在肉牛育肥时,日粮干物质中加入 5%~10% 的鸡粪粉是安全的;前苏联喂育肥牛的经验证明,1 克鸡粪粉的粗蛋白质,相当于 0.7 克精料的粗蛋白质。用含 20% 鸡粪粉的饲料喂牛,日增重比对照组(不喂鸡粪粉)高,所产肉的品质与喂自然饲料的牛只无本质差异。

(七)食　盐

补饲食盐是满足牦牛对钠和氯需要的主要方法。每 1 千克食盐含钠 380 克,含氯 600 克及少量的铁和钙。补饲食盐可提高饲料的适口性,促进食欲和消化机能,促进牛体内的生理平衡。要改变传统的不给牦牛饲喂食盐的习惯。一般每头牦牛月补饲食盐约 1 千克,幼牛酌情减少,过多能引起食盐中毒。可在圈地、牧地设盐槽,供牛只舔食,盐槽要注意防雨淋。还可加入精料或制成尿素食盐舔砖。有些地区将牦牛赶到含盐分高的湖边饮水,或赶到有"盐土"的地方舔盐土,对此要进行化验分析,防止中毒致病。由于各地自然条件复杂,有的地区有利于化学元素的积累,有些地区有利于化学元素迁移流失,因此常形成各种生物地球化学异常区。如有些局部低洼地,蒸发浓缩作用强烈,土壤中富含食盐、芒硝、氟、硒及硼等,牛只舔食这种盐土过多或时间久,就会引起相关中毒。

第七章 牦牛的饲养管理

一、牦牛的采食、消化特性

(一)采食及放牧采食速度

牦牛和普通牛一样,放牧时在牧地上缓慢行进,可以不间断地采食牧草。牛虽然上腭无门齿(切齿),但舌发达而灵活,采食牧草时用舌卷住一束,用门齿和上腭齿板切断,不经仔细咀嚼即吞咽。因此,牛的采食很粗略,对毒草及饲料中的异物(铁丝、塑料等)选剔性差,往往容易误食毒草及异物而发病。

牦牛采食比普通牛更接近地面或留茬低,绵羊可以采食的矮草,牦牛皆可采食。除牧草外,还喜采食灌木嫩枝。一般当牧草丰盛时不会采食毒草,但经过枯草季,对高山草原萌发较早的毒草,因适口性好而容易误食中毒。

放牧采食速度是指单位时间内牦牛的采食口数或每分钟啃牧草的次数。受遗传、牧草的适口性和牧草中所含的有关物质等因素的影响。牦牛不仅对某些牧草特别喜食,而且对同一牧草的不同生长期或同一植株的不同部分也有不同的采食偏好,这种特殊的采食现象为选择性采食。

据青海省铁卜加草原改良试验站报道(1964),牦牛在7～8月份的放牧采食速度为每分钟66.2～69.58口,10月份为每分钟31.9～38.8口,即比7～8月份两月的采食速度降低约50%。主要是10月份进入枯草期,草质变粗硬或纤维素增加,不利于采食。青海省大通牛场(1981.8～9月)2.5岁阉牦牛、阉犏牛和阉尕利巴牛的放牧采食速度,相应为每分钟67.8口,59.4口和53.4口。即牦牛显著高于犏牛,犏牛显著高于尕利巴牛。

在1天的放牧中,早晨初牧和晚牧时,牦牛的采食速度快,相应为每分钟67.3口和68.4口,定牧时仅为每分钟43口。这是因初牧时牛只饥饿贪食,采食速度快;定牧时,牦牛经过初牧时频繁而单调的采食动作,使口腔肌肉处于疲劳状态,因而采食速度有所降低;经过卧息、反刍到晚牧时,牦牛又积极采食。

(二)放牧采食量

放牧采食量是指放牧条件下每口采食量和日采食的牧草量。据报道,当年产犊的母牦牛,在8月上旬放牧日采食量为42.6千克(其中白天采食25.02千克,晚上为17.62千克),约占活重的17%,每口采食量为0.749 2克;混合牛群7～10月份放牧日采食青草15.2～35.6千克,平均为23.1千克,日采食口数为15 486～37 573口,每口采食量为0.582 6～1.284 4克。

2.5岁阉牦牛及杂种牛8～9月份放牧日采食量:牦牛(27.9千克)显著高于犏牛(23.3千克)和尕利巴牛(21.4千克)。每口采食量牦牛(1.12克)、犏牛(1.06克)和尕利巴牛(1.15克)之间无显著差异。

掌握草原的产草量和每头牦牛的日采食量,就可计算出当地草原适宜的载畜量。据有的地区计算,每1头牦牛年放牧需高山草原面积2.5公顷(合37.5亩),或1公顷牧场可供130～155头牦牛放牧1天。

(三)放牧行进速度

产奶母牦牛群放牧行进速度为7.04～9.66米/分,初牧时因牛只贪食而行进速度慢（7.04米/分），定牧及晚牧时较快（9.66米/分）。混合牦牛群放牧行进速度（8.16～14.1米/分）比产奶牦牛快，初牧为14.1米/分，定牧为9.07米/分，晚牧为8.16米/分。

2.5岁的牦牛及其杂种牛放牧时平均行进速度：牦牛10.73米/分，快于犏牛（8.56米/分）和孕利巴牛（7.11米/分）；而犏牛又快于孕利巴牛。可见放牧牦牛群比种间杂种牛群要辛苦和费力。

（四）放牧、采食和游走时间的分配

牦牛群放牧、采食和游走时间的多少及其比率，关系着牛群的健康及草原的生产力。采食及卧息时间较长，而游走时间较短时，牛只营养状况或生产性能较好，草原利用充分。反之，游走时间较多，由于运动量的加大，牛体用于维持的能量增加，营养状况或生产性能降低。如牛在平地上行走时能量消耗为站立时的1.2～2倍；牛上坡所消耗的能量随坡度的提高而增大，在倾斜角10°的情况下，需要比平地多消耗5倍的能量。下坡时消耗的能量与平地无差别。此外，游走增多，草原遭践踏，采食不匀，好草易被淘汰，利于劣草孳生，影响草原生产力。

牦牛群在放牧过程中，一般用于卧息和采食的时间合占2/3，用于游走的时间占1/3。如产奶牦牛群采食及卧息时间约占日放牧时间的65.47%（其中采食时间占33.7%，卧息时间占31.77%），其余为游走时间。在8～9月份，2.5岁牦牛及其杂种牛日放牧采食时间、卧息和游走时间的分配见表7-1。可见3种牦牛采食时间相近，但牦牛游走时间较多，孕利巴牛则相反，犏牛居中。

表 7-1　2.5 岁牦牛及其杂种牛放牧采食、卧息和
游走时间的分配(日放牧 9.5 小时)

牛 别	采 食		卧 息		游 走	
	小时	%	小时	%	小时	%
牦 牛	6.14	64.63	1.97	20.74	1.39	14.63
犏 牛	6.15	64.67	2.19	23.09	1.16	12.24
尕利巴	5.81	61.16	2.71	28.52	0.98	10.32

　　同普通牛相比,牦牛对外界刺激的反应快而灵活,轻微的干扰就会受惊,牛群的活动性相对较大。放牧时放牧员靠近牛群 4～10 米处,牦牛就会停止采食甚至逃跑。因此,不能对牦牛采取同普通牛(特别是培育品种)相同的紧跟牛群的放牧方法。放牧员要距牦牛群稍远,尽量让牦牛群安静,并相对分散采食,防止惊群或驱赶奔跑。

　　一般来说,在牦牛群中体大、争斗力强和胆大强悍的个体,居较高的地位。这种牛往往是牛群的带头牛,在放牧中带领牛群涉水、过桥、越冰滩,以及在雪封时开道,给放牧管理带来一定的方便。但放牧中放牧员不注意控制牛群时,由于带头牛采食和游走较快,提前带领牛群转移牧地或四处奔跑,影响放牧效果。

(五)反 刍

　　反刍又叫"倒草"、"回嚼"。牦牛或反刍家畜采食时先粗略咀嚼就吞咽,饲料在瘤胃浸泡和软化,在卧息或停止采食后 0.5～1 小时,由瘤胃内再逆呕或倒入口腔,反复仔细咀嚼并混合唾液,然后再吞咽入瘤胃的过程称为反刍。

　　反刍是牦牛的重要消化过程之一,饲料经再仔细咀嚼、混入唾液后,增加瘤胃微生物对饲料的分解面和分解效果,提高

饲料的利用率。

牦牛犊开始采食牧草或粗饲料后,瘤胃内就有微生物孳生,可出现反刍现象。如果较早给牦牛犊补饲优质青干草,出生3周龄后就可出现反刍。国内外有给犊牛喂健康成年牛反刍时呕出的草团或抽取瘤胃液灌服,可促使犊牛提早反刍,有利于提高犊牛的消化和生长发育。

牦牛1次反刍时间为40~60分钟,倒入口腔的1个草团咀嚼30~60次,咀嚼时间30~50秒。反刍和咀嚼的时间与牧草的质量有关,随着天然牧草的枯黄、纤维增多及水分减少或补饲秸秆等,反刍的时间也相应会增加。牛反刍是否正常,是饲牧人员观察牛消化是否正常的项目之一。

"牛吃一气草,才能吃得饱"的牧谚,是符合科学道理的。牦牛经过较短时间的放牧采食或补饲草料吃完后,经驱赶或停止采食半小时以上,采食的神经受到抑制,反刍的神经兴奋,就会影响到采食量或吃不饱。所以在放牧中要让牛只安静采食,减少过多干扰,补饲或舍饲时,饲草要少量勤添,让牛一气吃饱。据试验,给牛一气喂草,可采食8千克,不一气喂时,即草吃完过半小时以上或反刍后再喂草,只能采食5千克。

(六)瘤胃的消化功能

牛的胃由4个胃室组成,即瘤胃、网胃、瓣胃(三者合称前胃)和皱胃(真胃)。

牦牛的胃和普通牛的胃一样,几乎占据腹腔的3/4。瘤胃占据左腹的大部分,形状近似圆形。牦牛及其杂种的瘤胃发育比普通牛要好,采食量大,耐粗饲;网胃、瓣胃的发育不如普通牛。牦牛胃的容积和重量见表7-2。

表 7-2　牦牛胃的重量和容积

胃	重量(千克)	%	容积(升)	%
瘤　胃	4.15	72.2	52.20	77.9
网　胃	0.32	5.6	4.36	6.5
瓣　胃	0.60	10.4	4.67	7.0
皱　胃	0.68	11.8	5.75	8.6

瘤胃是一个微生物连续接种的高效活体发酵罐。牛的消化特点主要在瘤胃。粗饲料中70%～85%的干物质和50%的粗纤维在瘤胃内消化。瘤胃内的微生物在牦牛的消化中起主导作用,可以说瘤胃是微生物的大饭店,每1克瘤胃内容物中有细菌150亿～250亿和纤毛虫60万～180万个。牛与瘤胃微生物、纤毛虫及细菌之间和平共处或相互制约,保持瘤胃内小生态的平衡,使瘤胃的消化过程顺利进行。可以想像在瘤胃这个大饭店内,菌子、菌孙、虫亲、虫友,摇摇摆摆,拥挤不堪,毫无顾忌地"生儿育女",并各负其责,专职承担不同营养物质的消化工作。有分解纤维素的,有分解淀粉的,有分解和合成蛋白质的,有合成维生素B族、维生素K、维生素E的等。待到瘤胃内容物进入真胃或后段消化道时,微生物本身及其合成、分解的营养物质被牛消化吸收并利用,牛不能利用的成粪、尿等排出体外。

根据瘤胃微生物或瘤胃小生态环境的需要,在牦牛的饲养中,饲草料或日粮要多样化,要多搭配容积大、粗纤维丰富的青粗饲料。不能大量喂单一饲料,特别是精料,以免破坏微生物的生存条件,影响微生物的繁殖和相互关系。如精料过多,粗饲料较少时,则纤毛虫数量减少,细菌增加,正常的消化、发酵功能就会受到不同程度的影响,甚至导致瘤胃发病。

变换饲草料时不能过急过快，要有 1～2 周的习惯期，使瘤胃微生物对新的饲料有个逐渐适应的过程。此外，要按时或按饲养操作规程饲喂、饮水等。

二、放牧场的季节划分及牦牛组群

(一)放牧场的季节划分

放牧场(草原)的季节划分是按季节条件或牧草、气候等生态条件来划分的，并不意味着按日历的四季划分或在某一季节只放牧利用 1 次。由于各地气候和牧场条件等的不同，牦牛产区有的分为三季牧场(春季 5～6 月份，夏秋季为 7～9 月份，冬季为 10 月份至翌年 4 月份)。大多数只分为冷、暖两季牧场。冷季一般为 11 月份至翌年 5 月份，暖季 6～10 月份。

1. **冷季牧场**　冷季长达 8 个月之久。牧场应选留距定居点或棚圈较近、避风或南向的低洼地、牧草生长好的山谷、丘陵南坡或平坦地段，即小气候好，干燥而不易积雪；有条件的地区，还可在冷季牧场附近留一些高草地或灌木区，以备大雪将其他牧场覆盖时急用。到翌年 5～6 月份，天气变化大，风雪频繁而大风雪多，牦牛处于一年中最乏弱的时期，应在山谷坡地、丘陵地或朝风方向有高地可以挡风的平坦地放牧。一般要求小气候或生态条件较为优越，避风向阳，化雪及牧草萌发较早，牛群出、归牧方便的地段。如果年景差或冷季贮草不足，还应增加 10%～25% 的面积作为后备牧场。

2. **暖季牧场**　暖季是草原的黄金季节。牧草逐渐丰盛，是牦牛恢复体力、增产畜产品、超量采食和增重、为冷季打好基础的季节，也是牧民希望畜产品丰收的季节。暖季牧场要选择当地地势较高，通风凉爽，蚊虻较少，牧草和水源充足的地方。一般将当地因地势较高、远离居民点、降雪时间来临较早、气温低而且变化剧烈、只有暖季才能利用的边远地段作为暖季牧场。要充分利用暖季牧场,尽量推迟进入冷季牧场以节省冷季牧场的牧草和冷季补饲的草料。

(二)牧草与牦牛之间的季节性不平衡

长期以来,我国的牦牛生产保持终年放牧的特点,将牧草等植物性产品转化为肉、奶、毛等动物性产品。受高山草原生态环境的制约,天然牧草生长的季节性,同牦牛对营养需要的全年相对稳定性之间,形成了季节性不平衡。这就是高山草原牦牛生产中存在的牧草生产与牦牛生产之间的供求矛盾。

高山草原上的冷季枯草期(天然牧草的生长量为零),加之牧草萌发产草量不足期,即全年有 70%的时期,牧草的"供"小于牦牛的"求"。从理论上讲,牧草处于"亏供"状态,牦牛处于"亏食"状态,在无补饲的条件下,经天寒草枯的冷季,牛只乏弱,甚至在暖季来临前死亡。这就是牦牛生产历史上遗留下来的春乏问题。

高山草原暖季或牧草生长季节内,约有 3 个月草地的贮草量大于牦牛的需要量,也就是草地处于"盈供"状态,牦牛除采食维持正常生理活动和生产(产奶或增重)所需的营养物质外,还超量采食,迅速增重(体内贮备)或补偿生长。除留冷季牧场外,有些地区将一部分多余牧草贮存(晒干草或青贮等)起来供冷季补饲。

由于这种季节性不平衡,使牦牛在冷季活重大幅度下降,这就造成牦牛在暖季的生长量不能转化为畜产品。幼牦牛或育肥供肉用的牦牛尤其明显,从这些牛只身上没有能收获相应的畜产品,如果继续饲养,经过的冷季越多,成本就越高,所产的畜产品就越少,直到接近于零(即春乏死亡,皮肉均无利用价值)。除培育和合理利用草原、提高草原牧草的产草量等措施外,在牦牛生产中主要是在冷季保持最低数量的畜群,以减轻冷季牧场和补饲所需饲草的压力,使冷季牧场的贮草量(加上补饲)与牛群的需草量大致保持平衡。

在暖季,由产奶母牦牛、幼牦牛和育肥牛充分利用丰盛的牧草生产畜产品;冷季来临前,及时将育肥牛、淘汰牛出售或转入农区继续饲养,尽量减少牧区冷季存栏的牛只和肉用牛只的越冬次数,加速牛群周转,充分发挥和由牦牛直接利用暖季牧草的生长优势,提高由牧草到畜产品的转化率,增加畜产品的收获量。

(三)牦牛的组群

为便于放牧管理和合理利用牧场,对不同性别、年龄、生理状态的牦牛分别组群,避免混群放牧,使群性相对安静,采食及营养状况相对均匀,减少放牧困难。

产奶牛群(包括哺乳犊牛),每群 100 头以内,分配给最好的牧场。产奶牛中有相当一部分为当年未产犊仍继续挤奶的母牦牛(藏语称牙日玛),数量多时可单独组群。

干奶牛群(或称干巴群),指未带犊而干奶的母牦牛,还可组入已到初次配种年龄的母牦牛,每群 150～200 头。

幼牦牛群,指断奶至 12 月龄以内的牛只,性情比较活泼,合群性较差,与成年牛混群放牧时相互干扰很大,应单独组群,一般每群 50 头为宜。

青年牛群,指 12 月龄以上到初次配种年龄的牛,每群头数与干奶牛群相同,除去势小公牛外,公、母牦牛应分别组群,隔离放牧,防止早配。

育肥牛群,指育肥供肉用的牦牛,包括当年要淘汰的牛只,种公牦牛也可并入此群,每群头数 150～200 头。

三、冷季放牧

（一）寒冷天气对牦牛生产的影响

牦牛对寒冷天气有一定的适应性,但毕竟有其限度(牛只生命活动的极限),超过其限度,牛只就无法生存。一般最适宜牛只生存的温度为8℃~12℃。如果气温低于适宜温度,牛只为了维持体温,就会提高新陈代谢作用来增加热量,采食的饲料营养物质不足时,就要动用体内的贮备物质,所以活重会逐渐减轻(牧民称掉膘)。寒冷天气造成牦牛活重减轻的损失是很大的。

牛只不仅受寒冷天气因素的影响,而且还受其他环境因素的综合作用。个别因素对有机体的影响,往往依赖着和其他因素的结合和牛只本身状况而变化。就最适宜的温度而言,不同年龄、生理状况和饲养条件下的牛只,所要求的适宜温度不同,对寒冷天气的忍受能力也不同。如某一相同生理状况的牛只,在草料丰富的条件下,最适的温度可以在10℃以下;在饥饿的状况下,最适温度则为18℃,或18℃以上。气温低于最适温度时,当气温每下降1℃,饥饿家畜的新陈代谢就提高2%~5%,机体体表散热或热损失为2.72千焦/平方米;当气温降至-20℃,平均风速为2米/秒时,每天给活重为300千克的牛补饲精料1.1千克或青干草2.2千克,才能弥补寒冷天气造成的损失。因此,在寒冷天气中,肥硕健壮、饲料丰富的牛耐寒力强,乏弱和饲料贫乏的牛容易冻死。据报道,当气温在-35℃以下,并有5级大风持续8小时,可使无棚圈的牛只发生冻害或死亡。因此,在暴风雪来临前,将放牧牛只收牧归圈,并搞好补饲及保暖,对在露天圈地卧息的牦牛,半夜时轰起来活动1～2次,能有效地预防冻害。

牦牛虽然全身被毛密长,保暖程度高,但在气温远低于皮肤温度的寒冷天气,仍然要散失大量的体热。这种热量散失的多少与风速有关。风速增加1倍,体表散热会增加4倍。风速每增加1米/秒,牛只体表的热量损耗增加23.24千焦/平方米。因此,修建棚圈、堵塞圈墙的洞隙、加高圈墙等,对防寒及预防疾病有很大作用。

牛只体热的散失,还与空气湿度有关系。在低温的情况下,湿度为40%的空气导热性能比干燥的空气高出约10倍。这就是说,在冷季牛只的圈内因不勤出粪,致使粪尿大量积存,圈地积水,棚圈内的湿度显著增高,牛只散失的体热就会增多,使牛只受寒加剧。而且有利于病菌、寄生虫的繁殖与传播,会增加牛只的发病率。

寒冷天气对妊娠牛的影响也很大。喝冰雪水,吃冰冻的饲料,冰雪地上滑倒摔伤或受冻等,往往使一些乏弱妊娠母牛子宫强烈收缩而引起流产。

(二)冷季放牧的任务和方法

冷季放牧的任务是减少牛只活重的下降或下降的速度(牧民称为"保膘"),防止牛只乏弱,妊娠母牛保胎或安全分娩,提高犊牛的成活率,使牦牛安全越度冷季。

进入冷季牧场后,一般牛只膘满体壮,尽量要利用未积雪的边远牧场、高山及坡地放牧,迟进居民点附近的冷季牧场。冷季风雪多,要注意气象预报,及时归牧。如风力5～6级时,可造成牛只体表的强制性对流,体热的散失增多,牛只采食不安;大风(大于或等于8级时)可吹散牛群,使牛只顺风而跑,大量消耗体热。

冷季要晚出牧,早归牧,充分利用中午暖和时间放牧,在午后饮水。晴天放阴山及山坡,还可适当远牧。风雪天近牧,或在避风的洼地或山湾放牧,即牧民所说的"晴天无云放平滩,天冷风大放山湾"。放牧牛群应顺风方向行进。妊娠牛在早晨或空腹时不宜饮水,并要避免在冰滩放牧行走。

在牧草不均匀或质量差的牧场上放牧时,要采取散牧(牧民俗称"满天星"),让牛只在牧场上相对分散地自由采食,以便使牛只在较大的面积内每头都能采食到较多的牧草。

冷季末,牛群从牧草枯黄的牧场向牧草萌发较早的牧场转移时(也称季节转移),先在夹青带黄的牧场上放牧,逐渐增加采食青草的时间,即需 2 周的适应期。据报道,从能量消耗看,开始 1 周内逐渐增加,血液性状、瘤胃产生的挥发性脂肪酸在随后的 2～3 周内才能正常。这样做有利于牛只的健康和牧草的生长。可避免牛只贪食青草或"抢青"、误食萌发较早的毒草引起腹泻、中毒甚至死亡;对草原牧草来说,这阶段处于危机期,放牧强度不宜过大(达正常放牧强度的 40%～50%),可促进牧草增产 1.2～2 倍。否则,可招致牧草大量减产。

冷季末或暖季初,是牦牛一年中最乏弱的时候,除跟群放牧外,还应加强补饲。特别是在剧烈降温或大风雪天,由于牛只乏弱,寒冷对牛只造成的危害比冷季更为严重,一般停止放牧,在棚圈内进行补饲,保证牛只的安全。此外,雪后要及时清扫棚圈内的积雪,使棚圈保持干燥。此期间妊娠母牛开始产犊,一群牛最好由两人放牧,以便挡强护弱,接产和护理犊牛。

(三)牦牛安全越度冷季的一些措施

1. 种植、收购和加工供冷季补饲的草料 因地制宜地安排一些饲草料生产地,或从农区收购补饲的草料,是解决牦牛安全越度冷季行之有效的措施之一。如甘肃省天祝藏族自治县的一些牧民,利用冷季圈地或已有的一些"草园子"、饲料地,积极种植燕麦等饲草,一般为105~135头牦牛种植1公顷青燕麦草,在正常年景就可满足冷季补饲的需要。

2. **搞好棚圈或塑料暖棚的建设**　要统盘考虑、合理布局,把棚圈建设同产业化生产相结合,要长远打算,有利于生产,讲究实用,不要凑合。对原有的棚圈要注意维修。冷季牛只进棚圈之前,要清扫和消毒,搞好防疫卫生。

3. **及早进行合理的补饲**　在贮备的补饲草料较丰富的情况下,补饲越早牛只减重(或落膘)越迟。采取对体弱的牛只多补饲,冷天多补饲、暴风雪天日夜补饲的原则,及早地合理补饲。在冷季虽有补饲草料,也要坚持以放牧为主、补饲为辅的原则,重视放牧工作。

在冷季要加强下列牦牛的及早补饲及护理:

(1)产奶量高的母牦牛　这种牦牛进入冷季后首先减重。因泌乳机能旺盛,进入冷季时尚未干奶,体内贮备少。

(2)当年产犊又妊娠的母牦牛　由于产犊、哺乳兼挤奶并妊娠,进入冷季后胎儿较大并迅速生长,需要大量的营养物质。放牧采食不足,如不加强补饲就容易乏弱。

(3)初次越度冷季的幼牦牛　幼牦牛进入冷季后断奶,正处于迅速生长发育的阶段,被毛为初生毛(稀薄、短),油汗少,易被雨雪淋透,保暖程度低,耐寒力不及成年牛。加之活泼、喜奔跑,放牧采食差而不安静,也容易乏弱。

4. **合理增加淘汰头数**　暖季末或进入冷季初,是牦牛活重达全年的高峰时期,除迅速出售供肉用的牦牛外,应对牦牛群进行细致的检查,在确保基本繁殖母牛存栏数的前提下,依年景及贮备的草料,对老龄、伤残、失去繁殖能力及有严重缺陷和无饲养价值的牛只,准确及时地淘汰(出售或屠宰)。在冷季牧场质量差，难以安排全部牛只安全越度冷季的情况下，要增加淘汰头数，将可能在冷季乏弱死亡引起损失的那一部分畜产品及时收获。否则，如果冷季死亡，其所消耗的全部草原牧草和经营管理费用全等于零。按牧民的话说："抓到手的鹿儿跑脱了"。

5. **增加繁殖母牦牛在牛群中的比例**　在牦牛生产中，较普遍存在的问题就是适龄繁殖母牦牛偏少，一般约占 35%，大大影响了奶、肉的生产。将适龄繁殖母牦牛的比例提高到 40%～45%，在年景正常、繁殖率、个体生产性能不变的情况下，可充分利用暖季的牧草增加奶、肉生产，加快周转，经济效益会明显增加。

四、暖季放牧

(一)青藏高原气象条件与牦牛生产

1. **太阳光照**　青海高原太阳辐射强，日照时数长，全年日照时数为 2 200～3 600 小时，日照百分率达到 60%～80%，仅次于西藏高原。这是因为空气密度因高度增加而变小，空气稀薄，云量较少，大气层透明度大，反射及吸收太阳辐射相对减少。

这一光照条件，对牦牛的生长发育有很多良好的作用。可促进新陈代谢，增强抵抗疾病和灾害性天气的能力。由于高原阳光中紫外线强或杀菌力强，减少了病菌对牛只的危害。还能增强钙、磷的吸收和代谢作用，使骨骼结实，尤其对幼牦牛的生长发育有着重要的作用。

2. **气温**　牦牛产区气温的特点是日较差大，年较差小。如青海省年平均日较差 12℃～20℃，最大日较差 25℃～

34℃。昼夜气温变化剧烈。暖季的气温适宜牦牛的生长和发育,加之牧草丰盛,有利于增重。

在暖季气温过高的情况下,牛只采食和代谢产热减少,皮肤血流量增多,皮肤、呼吸道的蒸发增强。从行为适应上看,本能地表现出找阴凉的地方、饮水、站在水里或向高山通风凉爽的地方奔跑,以及群体散开、运动减少等。

3. **降水** 青藏高原降水量多集中在 5～6 月份,多夜雨,降水日数多而强度小,多冰雹及雷暴。

降水经过大气层时,清除了空气中的灰尘,降水还能冲洗放牧牛只身上的污物,使牛体清洁,增强抗病力。在炎热天气,降水可降低气温,使牦牛凉爽,代谢机能旺盛,还可促进母牦牛的发情。

久雨可使土壤泥泞,草原遭践踏,牛只行走不便,还有利于病菌、寄生虫等的繁殖和传播。

4. **风** 青藏高原海拔 4 000 米以上的地方,在冷季受高空西风气流的影响,盛行西风。暖季多静风或偏东风。冷季2～4月份午后大风频繁,一些地方往往沙尘飞扬。此外,一些地区地面风向与地形有密切的关系。如在暖季晴天,盛行山谷风,白天谷风从谷底向山上吹送,夜晚则相反,山风从山上吹到山下。

暖季气温较高,相对湿度较大(如青海南部各地的月平均相对湿度在 40%～81%之间),有 4～5 级的风力,可帮助畜体散热,使牛只安静采食,有利于增重或抓膘。大风可吹散牛群,使牛只顺风而跑,大量消耗体力。遇 8 级以上的大风时应停止放牧,及时赶回棚圈或山湾避风处。

(二)暖季放牧的任务及方法

暖季放牧的主要任务是增产牛乳,搞好母牦牛的发情配种,育肥供肉用的牦牛多增重,并为其他牛只的越度冷季打好基础。因此,牧民说:"一年的希望在于暖季抓膘"。

向暖季牧场转移时,牛群日行程以 10～15 公里为限,边放牧边向目的地前进。

暖季要做到早出牧、晚归牧,延长放牧时间,让牛只多采食。天气炎热时,中午要在凉爽的地方让牛只安静卧息及反刍。出牧以后由山脚逐渐向凉爽的高山放牧,由牧草质量差或适口性差的牧场,逐渐向良好的牧场放牧,可在前一天放牧过的牧场上让牛只再采食一遍,这时牛只因刚出牧而饥饿,选择牧草不严,能采食适口性差的牧草,可减少牧草的浪费。在牧草良好的牧场上放牧时,要控制好牛群,使牛只呈横队采食(牧民称"一条鞭")或为牧民说的"出牧七八行,放牧排一趟",保证每头牛能充分采食,避免乱跑践踏牧草或采食不匀而造成浪费。

关于带露水牧草的放牧问题,有人主张不宜放牧,其理由是易发生瘤胃臌胀。其实只有在带露水的豆科牧草地上放牧才会发生腹胀。高山草原的天然牧草中,豆科牧草很少(不超过 1%～2%),很少见牦牛发生腹胀病。因此,暖季要早出牧,露水草适口性好,让牛只多采食。牧谚有"牛吃露水草,发情配种早"。在有大量豆科牧草或人工栽培豆科草地上放牧时,一般每次采食不超过 20 分钟(全天不超过 1 小时),及早将牛群转移到其他牧场。

暖季按放牧安排或轮牧计划,要及时更换牧场或搬圈。更换牧场或实行轮牧,牛只的粪便在牧场上得以均匀散布,对牧场特别是圈地周围的牧场践踏较轻,可改善植被状态,有利于提高牧草产量。还可减少寄生虫病的感染。

当宿营圈地距放牧场 2 公里以外时,就应搬圈,以减少每天出牧、归牧所需要的时间和牛只体力的消耗。产奶带犊的母牦牛群，10 天左右应搬圈 1 次。

　　暖季应给牦牛在放牧地或圈地周围补饲尿素食盐舔砖。

五、产奶母牦牛及犊牛、种公牦牛的饲养管理要点

（一）产奶母牦牛的放牧及挤奶

　　1. 放牧　产奶母牦牛要挤奶及带犊或哺乳，因此，暖季放牧工作的好坏，不仅影响到产奶和牦牛犊的生长发育，而且影响到当年的发情配种。放牧工作要细致，应分配给距圈地近的优良牧场，最好跟群放牧。产犊季节要注意观察妊娠母牦牛，并随时准备接产和护理母、犊牛。

　　暖季母牦牛挤奶和哺育犊牛，占用的时间多，以及部分母牦牛发情配种的干扰大，因而采食相对减少。要尽量缩短挤奶时间早出牧，或在天亮前先出牧（犊牛仍在圈地拴系），日出后收牧挤奶。在进行两次挤奶时还可采取夜间放牧。要注意观察牛只的采食及奶量的变化，适当控制挤奶量，及时更换牧场或改进放牧方法，让母牦牛多食多饮，尽早发情配种。进入冷季前，要对妊娠母牦牛进行干奶，即停止挤奶并将犊牛隔离断奶。

　　2. 挤奶　挤奶是劳动量很大的一项工作。牦牛挤奶时先由犊牛吸吮，然后才能手工挤奶。在每次挤奶的过程中，吸吮和挤奶要重复两次，或排乳反射分两期。因此，牛群挤奶的时间长，劳动效率低。

　　母牦牛的乳头细短（乳头长 2.2～2.31 厘米），一般只能采用指擦法挤奶。牛群挤奶工作的速度，影响到产奶量和牛只

全天的采食时间,所以挤奶速度要快,每头牛挤奶的持续时间要短,争取1头牛在6分钟内挤毕。产奶母牦牛对生人、噪音、异味等很敏感,因此在挤奶时要安静,挤奶人员、挤奶动作、口令、挤奶顺序及有关操作等不宜随意改变,否则影响牛只的排乳反射或挤奶量。

挤奶员挤奶技术的熟练程度和手工挤奶的速度,对牦牛的挤奶量有一定的影响。据报道,1名挤奶员的手工挤奶速度平均为146.2次/分,牦牛日挤奶量为2.7千克;另1名挤奶员为97.8次/分,日挤奶量为0.75千克。此外,因牦牛自然哺乳及挤奶的间隔时间不同,挤奶量也不同。如间隔8小时,55头牦牛的平均日挤奶量为0.89千克/头,间隔12小时,57头牦牛的平均日挤奶量为1.25千克/头。后者比前者高28.8%。

3. 影响牦牛产奶量的主要因素

(1)牧场质量和放牧技术　放牧产奶牦牛的牧场质量(牧草种类、密度、高度和生长状态等),对产奶性能有很大的影响。据报道,四川省阿坝藏族自治州境内的春多玛牧场(处于黄河首曲以南),土壤肥沃,多禾本科、豆科、莎草科牧草,草丛覆盖度在85%左右。放牧的牦牛,年挤奶量225千克,乳脂率为7.5%;而夏坤玛牧场(地处大渡河上游的高山峡谷地区),土壤贫瘠,多杂草,草丛覆盖度在70%左右,放牧的牦牛,年挤奶量仅为170千克,乳脂率为6.8%。

放牧技术不同,产奶牦牛体况(膘情)不同,其产奶量差别较大。如在同一牧场上放牧的两群牦牛,一群(124头)放牧员跟群放牧,早出牧晚归牧,产奶牦牛采食的营养物质多,平均每头日挤奶量2.05千克,乳脂率7.5%;另一群(113头)因放牧粗放,平均每头日挤奶量为1.4千克,乳脂率7%。

（2）产犊和胎次情况 当年产犊、产奶的牦牛（藏语称"再玛"）及去年产犊后未孕今年继续产奶的牦牛（藏语称"牙日玛"），虽然都为适龄繁殖母牦牛，但产奶量不同。据陆仲麟等报道，在挤奶期117天，"再玛"（13头）产奶量为315.5千克，"牙日玛"（17头）产奶量仅为153.7千克。"牙日玛"泌乳处于后期，产奶量明显降低。

胎次（或年龄）不同，牦牛的产奶量也不同。据徐桂林等报道，青海省玉树藏族自治州巴塘地区，测定91头产奶牦牛各胎次的产奶量（挤奶量和犊牛哺乳量之和）见表7-3。表内可见牦牛的产奶量以第五胎最高（520千克），平均日产奶量为3.4千克；各月平均以7月份最高（112.1千克），10月份最低（86.3千克）。牦牛犊自然哺乳量7月份最高为59.3千克，9月份降为42千克。6～9月份平均每一头犊牛日哺乳量为1.4～1.9千克，或占牦牛平均日产奶量的1/2～2/3。

表7-3 牦牛各胎次的产奶量 （千克）

| 胎次 | 头数 | 各生产月产奶量 | | | | | | 占最高胎的% | 平均日产奶量 |
		6	7	8	9	10	合计		
1	20	89.6	100.6	88.9	78.7	78.9	436.7	83.9	2.8
2	20	96.7	107.2	94.5	83.2	83.6	465.2	89.4	3.0
3	13	97.6	108.6	96.1	84.6	84.1	471.0	90.5	3.1
4	10	108.0	120.0	106.8	92.8	89.0	516.6	99.3	3.3
5	10	108.1	116.9	108.1	94.1	92.7	520.0	100.0	3.4
6	18	107.1	119.3	105.9	92.6	89.3	514.2	98.8	3.3
平均		101.2	112.1	100.1	87.7	86.3	487.2	—	3.1

4. 挤奶员的劳动卫生 挤奶员要掌握正确的手工挤奶

技术,双手的力量较均匀地分布于前臂、手指与手掌的肌肉上,配合正确的坐着挤的姿势(不宜蹲着挤),则能使肌肉在紧张的工作中消耗的能量得以补充,可不觉困倦地工作。否则蹲着挤奶,肌肉过度紧张,用力不均时,不仅挤奶速度慢,而且很快就觉得双手无力。

挤奶时挤压乳头所需的力量约 15～20 千克,每挤奶 2.5 小时(按 25 头,每头 6 分钟计),挤奶速度 80～140 次/分,每天手关节及肌肉的紧张动作达 1.2 万～2.1 万次,劳动强度是很大的,挤奶员一定要注意保护双手。

高山草原暖季的早晨天气依然冷而潮湿,有时降霜。挤奶时不宜脱去衣袖让胳膊受寒,不要跪在湿地上挤奶,以预防下肢发病。刚参加挤奶而技术不熟练的挤奶员,开始不要挤的牛太多,应逐渐增加。

为预防双手发病,每天用温水(40℃)浸泡手、前臂 1～3 次,每次 10～15 分钟。浸泡后擦少量润肤脂,然后用自己的手相互按摩(包括揉捏)手指、关节及前臂、上臂肌肉。按摩要有力量,并重复 5～6 次,以促进血液循环,增强肌肉的新陈代谢。如出现手指麻木或疼痛等症状时,要及时治疗。

(二)牦牛犊的饲牧管理要点

牦牛犊一般均为自然哺乳,为使犊牛生长发育好,必需依牧场的产草量、犊牛的采食量及其生长发育、健康状况,对母牦牛的挤奶量进行调整。据蒙古人民共和国的试验,牦牛犊在 6 月龄的自然哺乳量为 248.1 千克,其中 1 月龄(处于 5 月份)哺乳量最多,为 64.5 千克(日哺乳量 2.18 千克);2～6 月龄的哺乳量依次为 50.4,43.8,37.8,27.2,24.4 千克。试验指出,这一哺乳量饲养的牦牛犊生长发育正常。

牦牛犊在 2 周龄后即可采食牧草,3 月龄左右可大量采食,随月龄增长和哺乳量的减少,或奶越来越不能满足其需要时,促使犊牛加强采食牧草。同成年牛比较,牦牛犊每天采食的时间较短(占日放牧时间的 1/5),卧息时间多(占 1/2),这一特点在放牧中应予以重视。保证充分的卧息时间,防止驱赶或游走过多而影响生长发育。但不要让犊牛卧息于潮湿、寒冷的地方,不宜远牧,天气寒冷、遇暴风雨或下雪时应及时收牧,应有干燥的棚圈供卧息。

犊牛哺乳至 6 月龄(即进入冷季)后,一般应断奶并与母牦牛分群饲养。如果一直随母牦牛哺乳,幼牦牛恋乳,母牦牛带犊,均无法很好采食,甚至拖到下胎产犊后还争食母乳。在这种情况下,母牦牛除冷季乏弱自然干奶外,就无获得干奶期的可能,不仅影响母、幼牛的健康,而且使妊娠母牛胎儿的生长发育也受到影响,如此恶性循环,就很难提高牦牛的生产性能。

(三)种公牦牛的饲牧管理要点

牦牛为自然交配,公牦牛在牛群中所占的比例大。在配种季节公牦牛日夜追随发情母牦牛,体力消耗大而持续时间长,至配种结束,往往体弱膘差。另外,公牦牛在放牧过程中,采食及卧息时间比母牦牛少,游走及站立时间长。种公牦牛的这些特性,在放牧过程中应予以重视。

为使种公牦牛具有良好的繁殖力,在非配种季节应和母牦牛分群放牧,或和阉牦牛、育肥牛组群,在远离母牦牛群的牧场上放牧,在配种季节到来时达到种用体况。

在配种季节,对性欲旺盛、交配力强的优良种公牦牛,应设法隔日或每天给予补饲,喂给一些含蛋白质丰富的精料和青干草或青草,缺少精料时可喂给奶渣(干酪)、脱脂乳或乳清等。也可将种公牦牛定期隔离单独系留放牧或补饲,使其有短期的休息,待一定时间后再投群配种,以提高精液品质或母牦牛的受胎率。总之,要尽量采取一些补饲或放牧措施,减少种公牦牛在配种季节的体重下降量及下降速度,使其保持较好的配种力或精液品质。

六、牦牛的管理

(一)牦牛的系留管理

牦牛归牧后将其系留于圈地内,使牛只在夜间安静休息,不相互追逐和随意游走,减少体力的消耗,不仅有利于提高生产性能,而且便于挤奶、补饲及开展其他畜牧兽医技术工作。

1. 系留圈地的选择 系留圈地随牧场利用计划或季节而搬迁。一般选择有水源、向阳干燥、略有坡度或有利于排水的牧地,或牧草生长差的河床沙地等。暖季气温高的月份,圈地应设于通风凉爽的高山或河滩干燥地区,有利于放牧或抓膘。

2. 系留圈地的布局 系留圈地上要布以拴系绳,即用结实较粗的皮绳、毛绳或铁丝组成,一般每头牛平均约需 2 米。在拴系绳上按不同牛的间隔距离(见表 7-4)结上小拴系绳(牧民称为母扣),其长度母牦牛和幼牦牛为 40～50 厘米,驮牛和犏牛为 50～60 厘米。一般多用毛绳。

表 7-4 不同牦牛拴系的间隔(或母扣)距离 (米)

牛 别	有角母牦牛	无角母牦牛	牦牛犊	驮 牛
拴系距离	1.9～2.2	1.8～2.0	1.7～1.9	2.5～3.0

拴系绳在圈地上的布局见图 7-1。多采取正方环形系留圈,也有长方并列系留圈,但没有前者应用广泛。拴系绳之间

的距离为 5 米。

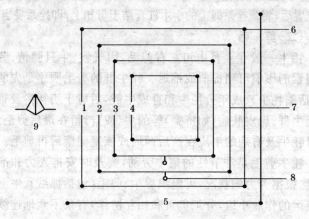

图 7-1 正方环形系留圈布局

1～5. 拴系绳的序号(1.2 依次拴系有角及无角母牦牛,
3.4 拴系犊牛,5 拴系驮牛、初胎牛)

6. 木桩 7. 拴系绳 8. 小拴系绳(母扣) 9. 帐篷

牦牛在拴系圈地上的拴系位置,是按不同年龄、性别及行为等确定的。在远离帐篷的一边,拴系体大、力强的驮牛及暴躁、机警的初胎牛,加上不拴系的种公牦牛,均在外圈担当护群任务,兽害不易进入牛群。母牦牛及其犊牛在相对邻的位置上拴系,以便于挤奶时放开犊牛吸吮和减少恋母、恋犊而卧息不安的现象。

牛只的拴系位置确定后,不论迁圈与否,每次拴系时不要任意打乱。据观察,牦牛对自己长期拴系的位置,有一定的识别力,归牧后一般能自动站准位置。如站错嗅后即离开,拴错位置即表现不安。新迁圈后第一次拴系较困难,但拴系 1～2次在位置上排了粪便后,大部分牛只能站准位置。

3. **拴系方法** 在牦牛颈上拴系有带小木杠的颈拴系绳,

小木杠用坚质木料削成,长约10厘米。当牛只站立或牵入其拴系位置后,将颈拴系绳上的小木杠套结于母扣上,即拴系妥当。

(二)剪　毛

牦牛一般在6月中旬左右剪毛,因气候、牛只膘情、劳力等因素的影响可稍提前或推迟。牦牛群的剪毛顺序是先驮牛(包括阉牦牛)、成年公牦牛和育成牛群,后剪干奶牦牛及带犊母牦牛群。患皮肤病(如疥癣)等的牛(或群)留在最后剪毛。临产母牦牛及有病的牛应在产后两周或恢复健康后再剪毛。

牦牛剪毛是季节性的集中劳动,要及时安排人力和准备用具。根据劳力的状况,可组织捉牛、剪毛(包括抓绒)、牛毛整理装运的作业小组,分工负责和相互协作,有条不紊地连续作业。所剪的毛(包括抓的绒),应按色泽、种类或类型(如绒、粗毛、尾毛)分别整理和打包装运。

当天要剪毛的牦牛群,早晨不出牧也不补饲。剪毛时要轻捉轻放倒,防止剧烈追捕、拥挤和放倒时致伤牛只。牛只放倒保定后,要迅速剪毛,1头牛的剪毛时间最好不要超过15分钟,为此可两人同剪。兽医师可利用剪毛的时机对牛只进行检查、防疫注射等,并对发现的病牛、剪伤及时治疗。

牦牛尾毛两年剪1次,并要留1股用以摔打蚊、虻。驮牛为防止鞍伤,不宜剪鬐甲或背部的被毛。母牦牛乳房周围的留茬要高或留少量不剪,以防乳房受风寒龟裂和蚊蝇骚扰。乏弱牦牛仅剪体躯的长毛(裙毛)及尾,其余留作御寒,以防止天气突变而冻死。

(三)去　势

牦牛成熟晚,去势年龄比普通牛要迟,一般在2～3岁,不宜过早,否则影响生长。有围栏草场或管理好时,公牦牛可不去势育肥。同样情况下,阉牦牛的增重不及公牦牛(表7-5),

如 3 岁活重,阉牦牛为 266 千克,公牦牛为 311 千克,或比阉牦牛高 45 千克。

表 7-5 阉牦牛及同龄公牦牛的活重比较 (千克)

牛 别	各 岁 的 活 重				
	1.5 岁	2.0 岁	2.5 岁	3.0 岁	5.5 岁
阉牦牛	176.6	198.1	246.8	266.0	409.0
公牦牛	217.9	222.1	313.2	311.0	463.7

牦牛的去势一般在 5~6 月份进行,这时气候温暖,蚊蝇少,有利于伤口的愈合,并为暖季放牧育肥打好基础。去势手术要迅速,牛只放倒保定时间不宜过长。术后要缓慢出牧,1周内就近放牧,不宜剧烈驱赶,并每天检查伤口,发现出血、感染化脓时请兽医师及时处理。

近年来,国内外有非手术的提睾去势法(又称人工隐睾)。将公牦牛保定后,用手将睾丸尽力挤到阴囊上端,使其紧贴腹壁,然后用弹性好的橡皮圈套好下端的阴囊,使睾丸不能再下降,因睾丸紧贴腹壁后温度升高,致使精子不能成活,生理上达到去势的目的。但因雄性腺仍继续存在,故生长速度比摘除睾丸的阉牛要快,产肉量高。提睾去势的公牦牛仍有性欲,可作试情公牛。因相互爬跨、离群等而不安静采食,应加强管理。

(四)评 膘

1. 一类膘(上等膘) 全身丰满,被毛光泽、密长。肋骨、脊椎骨都不显见,腰角、臀端呈圆形。触摸大腿部,肌肉厚实且有弹性。屠宰后胴体表面布满脂肪,并有一定的厚度,肾脏外部全由脂肪包埋。

2. 二类膘(中等膘) 全身较丰满,被毛整齐,光泽较差。

肋、腰椎横突不显见,但腰角及臀端未圆,触摸大腿部时肌肉欠厚实。屠宰后的胴体表面未布满脂肪,仅尾根至腰及鬐甲部有相连的薄脂肪,内脏脂肪也少。

3. 三类牦(下等牦) 被毛粗而无光泽,骨骼外露明显或肋、脊椎骨明显可见,但尻部不塌陷。屠宰后的胴体,表面很少有脂肪。

4. 四类牦(瘦弱牛) 骨瘦如柴,被毛粗乱,全身的骨骼关节明显可见,尻部塌陷。营养状况很差,严重时行动迟缓或四肢站不稳。

(五)防止狼害

危害牦牛生产的兽害中,以狼为最严重。如青海省治多县1974～1977年不完全统计,受狼害的牛羊数达7188头,年平均为1797头(青海日报,1978.7.2)

狼力大而持久力强,一夜可缓跑100公里以上。狼群多为1只母狼所生的后代,一般每群6～9只。狼凶恶、狡猾和善于偷袭,发现离群的幼牦牛时,尾随或潜伏下来伺机残害。冷季几只狼将掉群的牦牛前引后赶,与之恶斗,使牛疲乏进而捕食。1只成年狼可拖跑与之相同体重的犊牛。成年狼的胃容量可达7～8升,1只体重40千克的狼,1次可吞下10千克以上的血和肉,每只狼1年大约能吃掉1吨肉。

狼在1～3月份发情配种,妊娠期为63～65天,即3～5月份为狼产崽季节,狼觅食或伤害牛只较多。放牧员要掌握当地的狼害规律,加强牦牛的放牧管理,使狼无机可乘。在秋雾、阴雨天气和夜牧时,要控制好牛群,人不远离,注意从高处观察牛群动静,归牧后要仔细清点,发现有牛只丢失要及时寻找。冷季狼的地面食物减少后,多在牛群或圈地周围徘徊,月亮出没前后狼的活动最为频繁,应加强夜间值班。

第八章 牦牛及其杂种牛的育肥

一、体重增长

（一）初生重

青海牦牛初生重一般为10.7～13.4千克。天祝白牦牛公犊牛为12.74千克，母犊牛为10.96千克。海福特牛相应为36.7千克和32.8千克。牦牛初生重虽然低，但仍占母牦牛分娩时体重的7.6%，即相对指标和普通牛种几乎一样。

初生牦牛犊与产肉性能相关的肌肉、脂肪组织及体躯在胎儿期生长差，头、内脏、被毛和四肢等出生后维持生命活动的重要器官和组织生长发育好。初生重除受遗传因素的影响外，还与母牦牛的活重、年龄、妊娠期的饲养等因素有关。活重大、壮龄的母牦牛比初胎及老龄的母牦牛所生犊牛的初生重大。

（二）终年放牧条件下牦牛各年龄段的活重

牦牛在终年放牧的条件下，暖季迅速增重，在暖季末活重达1年中的高峰；相反，在冷季末达1年中的低谷。据吕光辉报道，在甘肃省祁连山东段北坡（海拔3 000米以上，年均气温0℃）放牧的各龄牦牛，随机抽样180头（带耳标），分别在冷、暖季称重，所获结果见表8-1。可见，12月龄前生长快，冷季减重少，随年龄的增加，冷季的减重开始增高。据四川省康定县畜牧兽医站报道，母牦牛在4～5岁时，暖季增重和冷季减重接近持平（表8-2）。

表 8-1　各龄阉牦牛的体重增长　（千克）

| 月龄 | 期初重 | 活重增减 | | | | | 期末重 | 活重增长（%） |
		暖季增重	暖季末重	冷季增重	净增重	平均日增重		
初生～12	14.5	87.0	101.5	−16.0	71.0	0.1945	85.5	489.6
13～24	85.5	72.5	158.0	−38.0	34.5	0.0945	120.0	40.4
25～36	120.0	88.0	208.0	−53.3	34.7	0.0951	154.7	28.9
37～48	154.7	143.8	298.5	−78.3	65.5	0.1795	220.2	42.3

表 8-2　各龄公、母牦牛的体高及活重增长　（厘米、千克）

| 年龄 | 公 牦 牛 | | | | 母 牦 牛 | | | |
	测定头数	体高	活重	活重增长（%）	测定头数	体高	活重	活重增长（%）
初生	14	55.9	13.9	—	20	54.0	13.1	—
4月龄	20	75.0	49.3	254.7	33	72.7	43.6	232.8
1 岁	44	90.0	93.4	89.5	45	87.8	88.0	101.8
2 岁	36	101.4	154.0	64.9	44	100.4	145.1	64.9
3 岁	33	107.5	218.2	41.7	43	107.4	205.0	41.3
4 岁	10	114.0	256.3	17.5	48	109.7	218.0	6.3
5 岁	3	113.0	290.1	13.2	44	110.5	244.0	11.9

　　暖季牧草生长期短而集中,牦牛在暖季形成增长或抓膘快的特性,完成 1 年中的活重增长过程,并积累或贮备越冬的部分营养。冷季漫长,牦牛营养消耗大,饲养成本高。据徐天德报道,青海省以植物生物量为 100 计,家畜实际采食量为 10,转化为畜产品仅为 1 左右。青海省每生产 1 千克牛羊肉与

消耗饲草干物质的比率为 1：54～64。

(三)改善饲牧条件后牦牛各年龄段的活重

改善牦牛犊哺乳期的饲养,对幼牦牛冷季进行补饲,是提高牦牛生产性能或冷季活重增长的重要措施。

孔令录等报道,青海大通牛场在牦牛犊初生重基本相似的情况下,母牦牛不挤奶,犊牛进行全哺乳方式培育,供试犊牛 106 头,6 月龄平均活重为 95.02 千克;母牦牛日挤奶 1 次,其余的供犊牛哺食的传统方式饲养,平均活重相应为75.2千克。根据经济效益比较,当年屠宰犊牛的母牦牛收入高于日挤奶 1 次的母牦牛。

哺乳期全哺乳,冷季补饲青干草(100～150 千克/头)的天祝白牦牛公犊牛 11 月龄平均活重为 92.3 千克;按传统方法(日挤奶 1 次,挤奶量 0.5～1 千克,其余供犊牛哺食,冷季不补饲)饲养的同龄公牦牛平均活重仅为 61.34 千克。

前苏联捷尼索夫报道,第一群母牦牛不挤奶(全哺乳),第二群母牦牛日挤奶 1 次,第三群日挤奶 2 次,所培育的 12 月龄公牦牛平均活重:第一群为 142 千克,第二群为 118.6 千克,第三群为 87.6 千克。第三群的活重比第一群低 54.4 千克(表 8-3)。

(四)补偿生长

处于生长发育阶段的幼牦牛,进入出生后的第一个冷季或某一阶段饲牧条件差或患病时,使生长速度下降或停滞,当进入第二个暖季或恢复较好的营养水平或病愈后,其生长速度或增重比未受限制时要快,经过暖季或一定时期的丰富饲养后,仍能恢复正常体重,生长幼牦牛的这种特性叫补偿生长。

表 8-3　不同培育条件下的幼牦牛活重　（千克）

幼牦牛月龄	不挤奶（全哺乳）群		日挤奶一次群		日挤奶二次群	
	幼牦牛活重	平均日增重（克）	幼牦牛活重	平均日增重（克）	幼牦牛活重	平均日增重（克）
幼 公 牦 牛						
初生	16.3	—	15.5	—	16.3	—
6	117.2	560.6	102.4	482.8	57.3	227.8
12	142.0	349.2	118.6	286.4	87.6	198.1
18	255.5	442.9	231.6	400.2	164.4	274.3
幼 母 牦 牛						
初生	16.4	—	16.2	—	15.8	—
6	112.9	536.1	98.8	458.9	64.0	212.2
12	127.4	308.2	110.5	261.9	85.7	194.2
18	222.5	381.6	213.3	365.0	154.8	257.4

　　应该指出的是，幼牦牛不是在任何情况下都能补偿生长的。如果生命的早期或幼龄期由于营养不足等生长发育受到严重的影响时，则在下一阶段很难进行补偿；饲料不足或营养缺乏持续的时间愈长、愈严重时，则所需补偿生长的时间愈长，而且补偿生长的可能性愈小。

　　牦牛每经过 1 个冷季，活重普遍要下降，通常认为只是皮下脂肪量的减少，这种看法是不全面的。在普通牛种中，某些品种的试验证明，在营养缺乏条件下，牛只活重下降时，机体各种组织的重量都有不同程度的下降，肌肉的损失与脂肪相近，骨骼也有损失，但比肌肉和脂肪少。

　　在暖季或营养水平提高时，牛只开始补偿生长或恢复活重。此时肌肉组织恢复的最快（但肌肉所含水分较多），脂肪恢复较慢。牧民所说牦牛见青(青绿牧草)就上膘,实际是见青就迅速补偿生长。

(五)体组织的生长

肌肉的生长主要是由于肌纤维增大使肌肉束变大。初生犊牛的肌肉发育比骨骼差,但随年龄或活重的增长,肌肉的生长比骨快,骨和肌肉的重量相差逐渐变大。如活重 76 千克的断奶幼公牦牛,胴体的骨肉比为 1∶2.52,活重 261 千克的阉牦牛,骨肉比为 1∶3.55。

脂肪的生长,从初生到 1 岁期间缓慢,仅快于骨骼,以后生长则变快。牛只年龄越大,脂肪占胴体重的百分率就越高。在育肥时,脂肪沉积的顺序为肾脂肪、骨盆腔脂肪、肌肉中脂肪,最后为皮下脂肪。

牦牛从胎儿至成年的生长发育要比普通牛慢或推迟。和普通牛相同的是组成牛体的各组织并不是同时增长,而是以脑、骨骼、肌肉、脂肪等依次发育,在低营养条件下时间上顺延。

在满足牛只营养需要的饲牧条件下,牛体各组织及活重增长的旺盛期分别为:肌肉一般在 3～18 月龄,脂肪 1.5～2.5 岁,肉的色泽(总色素、亮度等)在 18～20 月龄,骨骼在出生前 0.6 月龄至生后 12 月龄,活重一般在 4～20 月龄。从上述各组织增长态势可以看出,1.5 岁以前的肉牛,所产肉虽然较嫩,但肉的色泽及风味差,不具备 2 岁牛只所产肉的质量及风味。

二、影响育肥效果的一些因素

(一)育肥肉牦牛的有利及不利因素

草原地区或农区育肥肉牦牛的有利因素有四:其一,牦牛能利用大量的天然牧草和农村的自产饲料(如农作物秸秆),为粗饲料提供一个可变通的出路。特别是在农区育肥草原地区的牦牛,就可以将秸秆和谷物生产中至少15％的麸皮、糠、渣等充分利用起来,转化成畜产品,可以增加农业生产的稳定性;其二,牧区利用暖季丰富的牧草,再加补饲来育肥牦牛,所需的劳力少,饲养成本低廉;其三,育肥牦牛所用的建筑和设备投资少;其四,牦牛发病少,死亡的风险小。

在一定的条件下育肥肉牦牛也有一些不利因素:幼牛生长期长,饲料报酬较低;对技术、市场价格和成本变化的反应慢,资金周转也慢;受一些传染病,特别是外来的传染病的威胁大;运输和购销牛只时减重多等。

(二)育肥牦牛的年龄

1. **幼牦牛** 一般在1周岁内生长快,随年龄增长而增重渐减。幼牦牛对饲料的采食量比成年牦牛少(瘤胃容量小),放牧育肥时增重速度比成年牛低。即采食的牧草量不能满足其最大增重的需要。幼牦牛在生长期采取放牧或喂给生长的日粮,以后进行短期舍饲育肥最为有利。也可放牧兼补饲,或生长与育肥同时进行。但总的来讲,幼牦牛延长饲养或育肥期比成年牦牛有利。1周岁的幼牛,收购时投资少,经过冷季"拉架子",喂给较多的粗饲料和有保暖的牛舍,在翌年暖季育肥出售,可提高经济效益。

2. **成年牦牛** 包括淘汰的老牛、驮牛等。年龄越老,每1

千克增重所消耗的饲料就越多,成本也越高。成年牦牛育肥后,脂肪主要贮积于皮下结缔组织、腹腔及肾、生殖腺周围及肌肉组织中。胴体和肉中脂肪含量高,内脏脂肪多,瘦肉或优质肉切块比例减少。如成年阉牛经 3 个月的育肥,活重由 450 千克增至 540 千克时,增重部分主要是脂肪,或其增重主要以增加脂肪为主。在有丰富的碳水化合物饲料的条件下,短期进行育肥并及时出售,经济效益较高。因成年牛采食量大,耐粗饲,对饲料要求不如幼牛严,比幼牛容易上膘。

(三)育肥牦牛的性别

同龄的公、母牦牛比较,母牛比公牛的增重稍低,成本较高,母牛较适于短期育肥,特别是淘汰母牛,经 2～3 个月育肥,达一定肥度后及时出售比较有利。母犏牛及一些成年母牦牛,育肥期不利的因素是发情的干扰,有些地区实施卵巢摘除手术。试验证明,卵巢摘除后增重速度要比正常的母牛低,而且手术后需要一段时间的恢复期,所以没有必要做此手术。事实上母牛的发情在育肥初期较多,达到一定肥度后就会减少。

过去认为,公牛去势后易育肥,产肉量高。但据近年的研究,育成公牛比同年的阉牛生长速度高,每 1 千克增重的饲料消耗比阉牛少 12%,而且屠宰率高,胴体有更多的瘦肉。国内外均有增加公牛肉生产的趋势。因此,单独组群育肥的幼公牛、种间杂种公牛可不去势。如在同一饲牧条件下,1.5 岁时平均活重,公牦牛为 271.9 千克,阉牦牛为 176.6 千克,比公牦牛低 19%;3 岁时相应为 311 千克和 226 千克,比公牦牛低 27%。

(四)育肥牛的饲养(或营养)水平

饲养是提高育肥效果的主要因素。饲养(或营养)水平高,可缩短育肥期,牛只用于维持的饲料少,单位增重的成本低。

幼牛在育肥过程中,长肌肉、骨骼的同时,也贮积一定的脂肪。因此,在育肥幼牦牛时,除供给丰富的碳水化合物饲料外,还要喂给比成年牦牛高的蛋白质饲料,如果日粮中能量较高而蛋白质不足,就难以充分发挥幼牦牛肌肉生长迅速的特性,即不能获得最高的日增重。

成年牦牛在育肥过程中,以增加脂肪为主,蛋白质增加较少。日粮中应有丰富的碳水化合物以合成脂肪。

此外,收购架子牛的质量或种间杂交组合以及气候等条件对育肥效果也有较大影响。

三、育肥前的准备

(一)修建棚舍

建育肥棚舍时,应注意国家草原及环境保护等法规是否允许。棚舍的位置与环境对育肥效果有很大的影响,选择地势高燥、易排水、无污染源的地方,且水源可靠,交通便利。放牧育肥的棚舍要距暖季牧场近。棚舍要建于住房或居民点的下风向。

棚舍以坐北朝南方向为好。冷季减少西北风,如受地形限制,可考虑面朝东南。构造要简单或费用低。20头以下采取单列式,棚舍宽4～4.5米,牛床宽1～1.1米,牛床长1.3～1.5米,槽宽0.5米,槽前应有宽1.5米的通道,槽后有横柱栏。棚舍朝阳面敞开,冷季搭塑料棚保温。其余3面封严。20头以上可修建双列式牛舍,宽8～9米,两侧面敞开,冷季搭塑料棚保温,中间设走道和饲槽,走道宽1.5～1.6米。

冷季保暖的棚舍,墙壁要较厚,墙或屋顶最好是土木结构或砖木结构,为了保暖,门窗要较小,白天揭棚通风,及时清除粪尿,防止舍内潮湿或空气污浊,影响牛只健康。

(二)饲草料准备

育肥前要拟定出育肥牛只数量、饲草料需要量等计划,结合当地或周边地区的饲料资源、市场价格、饲草料的适口性等,尽早准备饲草料。从草料的品种上要考虑多样化或养分齐全。架子牛、种间杂种牛要求饲料的质量要高,要多准备品质好的干草和含蛋白质丰富的精料。成年牛应准备较多的秸秆、糟粕及含碳水化合物丰富的饲料。

饲料的成分或营养价值相近,但市场价格差异大,可选购廉价的、在日粮中可以相互替代的饲料,以配合最低成本的平衡日粮。

采用放牧育肥时,对草原轮牧顺序要尽早作出安排,有计划地轮换放牧,不能在一块地上放牧或践踏过久,使植被遭到破坏而难以恢复。同时对饮水设施、围栏、牧道、补饲槽等进行维修。

(三)育肥牛的选择和准备

1. 育肥牛的选择 育肥牛或架子牛在收购过程中选择失误,可造成育肥场(户)较大的经济损失。因此,从市场购入牛源时,要通过观察、触摸、询问、称重等方法严格选择。

首先是健壮无病。健壮的牛只活泼、反应灵敏、有精神。排粪正常,腹部不膨大,鼻镜湿润,眼有神,无眼眵。

第二是体型好。要求体格大小与年龄相称,体躯各部位要较匀称,前胸宽,后躯较丰满,无严重外貌缺陷。牦牛被毛光润密长,种间杂种牛被毛较密。角细光滑,角轮浅鲜。

第三是种间杂种牛特别要注重体型、生长发育好、具一定的父本特征。其外貌应与代数一致(如犏牛尾大,被毛密长;夭利巴牛尾细小)。

第四是购牛人员除具有专业知识和丰富经验外,对市场应有一定的判断力。如避开市场牛价高的阶段,在育肥牛只增重价值低于成本或饲料价时暂缓购入,避免可能发生的亏损。

2. 育肥实施前的准备

经驱赶或运输进场的育肥牛,先饮水(冷季饮温水),供给良好的粗饲料自由采食,精料看排便情况,先少喂(不超过活重的1%),以后逐渐增加。当育肥场的饲料同牛只原地的饲料相差很大时,要准备一些原地饲料,防止转换过急。

正式育肥前,一般要有10~15天的过渡饲养期,观察牛只有无疾病、恶癖等,发现病牛时要隔离治疗。对群中角长而喜角斗的牛应设法去角或拴系管理。

对待育肥牛要进行防疫注射和驱虫,并喂1~2次健胃药(中草药或人工盐)。

随着过渡饲养期的结束,牛只逐渐适应所处环境及饲料,饲喂的日粮也接近育肥期的喂量和标准。对牛只应进行称重或估算体重(育肥开始重),按活重、年龄等进行编号、分群或牛舍内栓定位置,进入正式育肥期。

四、放牧育肥

(一)全放牧育肥

全放牧育肥是牧区的传统育肥方式。育肥期长,增重低,但不喂精料,成本低廉。利用暖季的牧草,放牧育肥100~150天。每天早出牧,中午在牧地休息,晚归牧,每天放牧12小时。放牧中控制牛群,减少游走时间,放牧距离不超过4公里。选择牧草好及水、草相连的放牧场,让牛只多食多饮,以获得高的增重。

据四川省草原研究所、四川省龙日种畜场的试验,选择12月龄的公牦牛、公犏牛(黑白花公牛×母牦牛)各11头,于1981年4月27日至10月24日全放牧180天(牛只均未去势)。平均日采食天然牧草,公牦牛为7.42千克(8月份最高,为8.75千克,10月份最低,为4.94千克);公犏牛为13.56千克(8月份,10月份相应为15.95千克和7.72千克)。育肥期共采食牧草公牦牛为1 335千克,公犏牛为2 441.4千克。育肥期增重为公牦牛63.98千克,公犏牛123.73千克,平均日增重相应为355克和687克(表8-4)。

表 8-4　放牧育肥期牛只的增重　(千克、克)

牛　别	开始活重	结束活重	180天增重	日增重	相对增重(%)
公牦牛	69.45±6.14	133.43±13.48	63.98±12.94	355.44	92.12
公犏牛	124.45±13.51	248.18±19.64	123.73±10.80	687.39	99.42

放牧期牛只的日增重以6月份(或14月龄)为最高,公牦牛为482克,公犏牛为1 167克。每1千克增重消耗天然牧草公牦牛为20.87千克,公犏牛为19.73千克;消耗饲料干物质依次为7.07千克和6.56千克(表8-5,表8-6,表8-7)。

表 8-5　放牧育肥期牛只各月龄的日增重　(克)

牛　别	月份	5	6	7	8	9	10
	月龄	13	14	15	16	17	18
公牦牛		340	482	439	430	388	54
公犏牛		630	1167	761	818	530	212

表 8-6　放牧育肥期各月天然牧草的营养成分　（％）

采样日期	干物质	粗脂肪	粗蛋白	粗纤维	灰分	无氮浸出物	钙	磷
6 月 9 日	24.00	1.10	4.50	6.70	1.20	10.50	0.12	0.08
6 月 30 日	28.00	0.64	3.92	8.37	1.43	13.64	0.12	0.07
7 月 30 日	33.00	1.06	4.06	9.11	2.01	16.76	0.14	0.11
8 月 30 日	38.00	0.99	3.88	11.67	3.31	18.15	0.23	0.10
9 月 29 日	42.00	1.01	3.36	13.99	2.44	21.20	0.26	0.06
10 月 31 日	62.00	1.18	2.98	21.58	3.10	33.16	0.33	0.10

表 8-7　每 1 千克增重的天然牧草及营养物质消耗　（克）

牛　别	混合牧草（千克）	干物质（千克）	粗蛋白	粗脂肪	钙	磷
公牦牛	20.87	7.07	817.54	197.21	36.82	18.34
公犏牛	19.73	6.56	776.25	184.93	33.85	17.30

　　据前苏联的报道，在全放牧期，不同年龄牦牛的日增重也不同。1～2 岁的幼牛增重最高（为 56～69.1 千克），3～7 岁的母牦牛增重低（28.8～39.7 千克），见表 8-8。可见幼牦牛较适宜于放牧育肥，成年母牦牛最好是放牧后期集中短期强度育肥。

表 8-8 前苏联某场母牦牛及幼牦牛的放牧育肥结果 （千克）

开始放牧育肥 年龄(岁)	春季平均 活重	秋末平均 活重	放牧育肥期增重	
			增 重	相对增重(%)
1	85.7	154.8	69.1	80.6
2	185.8	241.8	56.0	30.1
3	222.8	254.3	31.5	14.1
4	232.8	272.0	39.7	17.1
5	242.3	279.7	37.4	15.4
6	247.7	283.6	35.9	14.5
7	240.2	279.0	28.8	16.2

（二）放牧兼补饲育肥

为缩短肉用牦牛及种间杂种的饲养期和提高产肉量，饲料条件好的地区，在暖季可采取放牧兼补饲育肥的方式。对冷季已进行补饲而膘情较好的牛只，为保持其继续增重，在暖季继续补饲；冷季过后膘情较差的牛只，可在暖季中后期（牧草质量高峰过后）补饲。

早期生长的牧草含蛋白质多，应补饲一些碳水化合物丰富的饲料。牧草生长结束或近枯黄时，含蛋白质降低，应补饲含蛋白质丰富的饲料。放牧兼合理的补饲，对饲料消化率和育肥期增重都有明显的影响。放牧兼补饲育肥可使肉牛提早出栏，其胴体及肉品质要比未补饲的牛高，但成本也相应增加。因此，补饲量及育肥程度，除考虑牧场天然牧草的质量外，应以肉价、上市屠宰季节、牛只的个体状况等而定。

青海省大通牛场和甘肃农业大学的试验（1978），在青海省宝库草原暖季条件下（海拔 3 200 米，7～9 月份平均气温为 6.9℃～13.9℃，相对湿度 63.5%。放牧场为阴坡，牧草生长良好,水源充足),放牧兼补饲育肥种间杂种阉牛 15 头,日放牧 12 小时,(包括中午在牧场阴凉处休息 2～3 小时),行程约 3～4 公里,日补饲精料 2 千克/头,试验期 70 天(6 月 5 日至 8 月 14 日),每 1 头共补精料 140 千克。育肥结果见表 8-9。孕利巴牛试验期每 1 头增重 63.16～65.34 千克,平均日增重为 902.3～933.4 克,每 1 千克增重消耗补饲精料 2.15～2.2 千克;同龄的犏牛相应为 50.75 千克,725 克和 2.76 千克(表 8-9)。可见暖季放牧兼补饲育肥孕利巴牛比同龄的犏牛效果好。

表 8-9　放牧兼补饲育肥期牛只的增重　(千克、克)

杂交组合	月龄	开始活重	结束活重	70 天增重量	日增重	相对增重(%)
		孕	利	巴	牛	
海×黑犏牛	24	224.66	290.00	65.34	933.4	29.08
海×黄犏牛	24	205.34	268.50	63.16	902.3	30.76
		犏		牛		
海×牦牛	24	241.75	292.50	50.75	725.0	20.99
黄×牦牛	60	256.60	321.50	64.90	972.1	25.29

五、舍饲育肥

(一)架子牛育肥

1. **育肥前期**　育肥牛只为 2 岁以内的生长发育好的牦牛及种间杂种牛。多喂粗饲料,适当增加精料喂量或蛋白质较丰富的精料,精料中蛋白质不低于 11%。使肌肉、脂肪均匀增长,避免腹脂肪、内脏脂肪过度沉积,并为后期育肥和提高牛肉等级打好基础。

育肥目标:开始活重 150~200 千克,育肥结束活重 300~350 千克,育肥期 6 个月(180 天),育肥期日增重 0.75~0.8 千克,期末 1 个月达 1 千克。前期育肥参考方案(以 1 岁牛,开始活重 150 千克为例)见表 8-10。

表 8-10 育肥前期(13~18 月龄)饲养方案 (千克)

项 目	月 龄					
	13	14	15	16	17	18
月末活重	170	195	220	245	270	300
日增重			0.75~0.85			1.0
混合精料	2.5	3.0	3.0	3.5	3.5	4.5
粗饲料(4 种中任选 1 种)						
干草	4.0	4.0	4.0	3.5	3.5	3.0
秸秆		自由采食(3.0~2.5 千克)				
青草	14.0	14.0	13.0	13.0	13.0	12.0
青贮	10.0	10.0	9.0	9.0	8.0	8.0

育肥前期,1 岁架子牛处于生后的第二个暖季,增重或补偿生长逐渐进入高峰期,虽然粗饲料是牛主要的营养来源,但混合精料喂量每 100 千克活重不少于 1.4 千克,日增重不低于 0.4 千克,否则增加育肥成本。

日喂 2 次,每次采取先喂粗料后喂精料的方法,喂秸秆时与精料混合(拌草),或干草与青贮混合,增重效果比单一饲喂要好。供给充足的清洁饮水,每次喂后使牛只在运动场活动或卧息,尽量使牛只安静,逐渐通过拴系限制活动时间和活动量。

每月末进行称重或抽样称重,发现增重达不到方案要求时,应及时查找原因或调整日粮和混合精料配方,对一些增重很差或患病等无继续育肥价值的牛只要及早处理。

2. 育肥后期 接育肥前期,即从19月龄继续育肥至出售为育肥后期。后期供给饲料的种类与肉品质有着比前期更为密切的关系。为了有较高的增重,使肌肉间及其周围脂肪向肌肉内渗透(或沉积),从而改善肉的品质,要饲喂高能量的日粮或碳水化合物丰富的混合精料。育肥后期喂少量的粗饲料,即粗饲料的功能是促进牛只反刍及正常的消化。

育肥目标:开始活重300~350千克,育肥结束活重450~500千克,育肥期6个月(180天),育肥期日增重0.8~1千克。

育肥后期参考方案(以18月龄,开始活重300千克为例)见表8-11。

表 8-11 育肥后期(19~24月龄)饲养方案 (千克)

项 目	月 龄					
	19	20	21	22	23	24
月末活重	330	360	385	400	425	450
日增重	0.8~1.0					
混合精料	5.0	5.5	6.5	7.5	8.0	8.5
干草	2.0	2.0	2.0	2.0	2.0	2.0
秸秆	2.5	2.5	2.5	2.5	2.5	2.5

育肥后期,特别是20月龄后,精、粗饲料每天分2次自由采食。精料喂量不断增加,为不使牛只食欲减退,反刍减少,要注意粗饲料的采食量,必要时先喂一些品质好的干草,再让牛只采食精料,以免引起代谢疾病。

育肥后期,不喂青贮料或青草,由于这些饲料可影响脂肪的色泽(变蓝)及肉的品质等级。因此,只喂给优质干草及秸秆。据报道,在育肥前、后期,特别是后期,混合精料中加入60%的大麦,对改善肉品质有良好的作用。法国的试验证明,在肉牛宰前100天,给牛喂维生素E,每1千克日粮干物质加500毫克,可极大地延长牛肉的货架寿命,即能较长时间保持色泽及外观,不使牛肉受消费者欢迎的红色快速氧化变成不受欢迎的棕色。

育肥后期,特别是24月龄以后,育肥牛的肌肉、脂肪的增重高峰将过去,饲养成本逐渐加大,一般24月龄就可以出售。当市场牛价下降时,出售活重应小一些;相反,可再延长育肥期,增加活重。

(二)成年牛育肥

成年牛或有育肥价值的淘汰牛,要求采食消化良好,无寄生虫病及消化道疾病,即毛顺皮不干,体型大或骨架好,能多沉积脂肪(牧民称能多挂肉)。通过短期的育肥(约3个月),达到增加活重改善肉品质的目的。成年牛的活重、体况参差不齐,传统的育肥方式称为"站牛"育肥,即拴系饲养,严格限制活动量,用廉价的糟渣类饲料,根据每头牛的具体状况,单独搭配饲料饲喂,以降低育肥成本。

1. 酒糟育肥法 育肥期为80～90天,育肥初主要喂干草等粗饲料,只喂少量酒糟,以训练采食能力。约经过10～20天后逐渐增加酒糟,减少干草的喂量。

成年牛鲜酒糟日喂量可达30～40千克。并合理搭配少量精料和适口性好的青粗饲料,特别是青干草,以促使育肥牛有较好的食欲。日粮组成(千克):酒糟40,干草4,秸秆3,玉米或燕麦1.5,食盐40克。干草等粗饲料要铡短,将酒糟拌入草内让牛采食,采食到七八成饱时,再拌入酒糟,促使牛尽量多采食。一般每天饲喂2次,饮水3次。育肥牛拴系管理,在育肥的中、后期,缰绳要拴系短(35厘米为宜),以限制牛的活动,避免互相干扰。

用酒糟育肥时应注意:开始牛不习惯采食酒糟时,必须进行训练,可在酒糟中拌一些食盐,涂抹牛的口腔;酒糟要新鲜,发霉变质的不能喂;如发现牛体出现湿疹、膝关节等红肿或腹胀时,暂时停喂酒糟,适当调剂饲料,增加干草喂量,以调节消化机能;应保持正常的牛舍温度,及时清除粪便,牛舍保持干燥和通风良好,预防发病;喂饱后牵牛慢走或适当运动,防止转小弯或牛跑、跳而致牛腹胀或减重。

2. **青贮料育肥法** 用大量青贮料加少量的精料育肥牛,可减少精料的消耗和降低成本。育肥期和饲喂原则基本和酒糟育肥法相同。育肥初期牛只不习惯采食青贮料时,应逐渐增加喂量使其适应。

成年牛青贮料日喂量为25～30千克,并搭配少量秸秆或干草,补饲一定量的精料和食盐。如青贮料品质好,可减少精料。育肥后期要增加精料和减少青贮料的喂量。日粮组成(千克):青贮料25～30,干草3,混合精料2,食盐50克。

3. **甜菜渣育肥法** 在盛产甜菜的地区,利用制糖的副产品——甜菜渣喂育肥牛是很经济的。甜菜渣按干物质计含粗纤维20%,无氮浸出物62%,粗蛋白质约4%,钙和磷含量低,而且比例不当。因此,以甜菜渣为主喂育肥牛时,补充矿物质,能获得良好的效果。

新鲜甜菜渣和干燥压制的甜菜渣均可用作饲料,但要合理搭配精料和干草,以补充营养物质和使牛保持正常消化。

鲜甜菜渣日喂量成年牛最高可达40千克。日粮组成(千克):鲜甜菜渣30～40,秸秆4,混合精料1.5～2,食盐60克,磷酸钙60～80克。

六、露天场育肥

暖季采用露天场育肥肉牛,是国外肉牛生产采用的一项新技术。具有设备简便、容畜量大、牛只增重高、饲料消耗低和投资少等特点。前苏联的露天场多同国营牧场、集体农庄养牛场及大型肉类加工厂结合而成的联合企业,集中育肥各场提供的肉牛,统一加工销售产品。

(一)露天场的设置

场地要求地势平坦,小气候好,有水源和距人工草场近的地方设场。

全露天育肥场(或夏季育肥场),一般为圆形场地。圆周长为 524 米,半径 83 米,可养育肥牛 1 000 头,每头占地 21~22 平方米。为了按年龄、性别和活重等将牛只分群育肥,可对圆形场地按半径划分成若干分区,并用木板等制成分区隔栏。

饲槽用木板、水泥或金属制成,以便于移动。槽长为 2 米,高 1.5 米,宽 0.5 米,彼此连接,固定于场地的圆周线上,成为饲槽兼围栏。

圆形场地的优点是分发饲料的机具沿圆形场地运动,减少多余的转弯而节约能源和时间,也不易损坏由饲槽组成的围栏。

配备轮胎拖拉机 3~4 台,割草机 2 台,粗料分发机 3 台,精料分发机 1 台。饲养员由 5 人组成。大部分青粗饲料由饲养人员从距露天场 1~2 公里远的人工草地刈割供应。人工草地这样利用比放牧利用要好,放牧利用时牛可将牧草连根拔出,茎秆损失多,产草量减少 25%~30%,而且刈割饲喂所获得的增重高。

有简易牛棚的育肥场,一般为有围栏(墙)的方形场地,长102米,宽44米,总面积4 488平方米,可容纳8月龄幼牛500头。纵向建有供牛只卧息的简易牛棚,四面敞开,牛只自由出入。相邻两运动场地之间设饲槽,两列饲槽之间有饲料机具通行的通道(宽2.8米)。精料、粗饲料由分发机分发,每1饲养员养育肥牛150~200头。

(二)育肥技术及效果

美国的露天场收购草原上繁育的架子牛(活重约250千克),育肥前对牛只进行检查、编号、锯角尖,并进行驱虫、药浴及杀虫剂做抗昆虫等的牛体卫生处理。

由于长途运输的牛只易患病,在育肥场除搞好防疫卫生外,最初3周内在饲料中加入抗生素,以预防发病。进育肥场1个月后细致检查,淘汰增重低的牛只(一般淘汰3%~8%),以降低育肥成本。美国有的育肥场,曾出现过入场的架子牛死亡率很高(达15.6%)的现象,多数是因为牛只经受不住长途运输和不适应新环境的饲养管理条件而死亡的。因此,收购的幼牛必须在当地经过适应性训练(如采食育肥场的饲料等)后,才能运进育肥场,可使死亡率低于10%。

在育肥初期,用保证日增重1千克的日粮饲养,以后进行丰富饲养,在整个育肥期日增重达1.1~1.2千克。育肥期多以市场价格为转移。

前苏联的露天场多采用自由采食和卧息的管理方式。每100千克增重消耗的饲料820千克、劳力消耗6人时(1人时为1名劳力工作1小时),比当地的国营牧场和集体农庄同类指标低,即联合企业露天育肥场的经济效益高。

七、造成育肥牛增重低或采食不匀的主要原因

(一)不科学搭配日粮

对饲养标准及科学搭配日粮重视不够,饲料品种或质量达不到要求,喂给大量的粗饲料,只喂少量的精料,有啥喂啥,喂饱就能肥的传统观念占主导地位,目的是降低饲养成本,但适得其反。这是育肥牛增重低或健康不良的主要原因之一。应想方设法收购或贮备有关饲料品种,科学搭配日粮,满足牛只所需的营养。

各类饲料要过秤,不能估重或称量不准,做到日粮或混合精料中的各种成分计量准确,精料混合均匀,特别是矿物质、维生素一般占饲料或日粮的份额很少(千分之几到万分之几),像普通料一样混合难以均匀,应先与少量主饲料预混均匀,然后放到全部饲料中再行混合。

混合精料不能存放过久,防止氧化变质。天热喂给湿拌草料时,少量勤拌,防止拌剩的草料发霉酸败,使营养成分发生变化。

特别注意饲料的质量,饲料的营养成分是在饲料新鲜、没有变质的情况下测得的。如玉米含水分过多、谷实籽粒不饱满,有些矿物质饲料中含盐分过多或饲料变质等,配合的日粮或混合精料与配合标准间就会有较大的出入。

(二)饲养管理技术不当

牛群过大或牛只体格大小及强弱差异过大,饲槽过少造成采食不匀,又采用定时、定量的饲喂方式,强牛抢食、贪食好料,弱牛"站岗放哨",最后采食剩料。出现这种情况时,饲养人

员要挡强护弱,最好多加饲槽或重新分群。

暖季当气温在 26℃以上而无防暑措施时,牛只体温升高,采食量就会明显下降。冷季气温在-10℃以下时,舍内湿度过高(80%),通风换气不良等,对牛只的增重非常不利。

水在牛的体温调节、散热、消化吸收及排泄中起着重要的作用,缺水或饮水不足、水质不良时,容易导致消化不良、采食量下降甚至不愿采食。

饲料的适口性差、添料过勤时,使槽中剩料长存,发生酸败变质。喂结冰的饲料或用冰雪水拌草料,使草料温度过低(最适宜温度为 10℃),牛体大量消耗体热,容易导致消化机能紊乱,降低对饲料的利用率。喂料时间不规律,忽早忽晚,突然改变饲料,使牛只短时间不能适应采食,都会影响增重。

八、牛的运输

(一)影响牛运输失重的因素

收购的架子牛及育肥出栏的肉牛,都要运输到目的地,运输过程中都要失重(活重损失),一般为 3%～6%。

1. **运输的距离及时间** 距离越远,时间越长,牛只失重就越多。缩短育肥场到市场(或屠宰场)的运输时间或距离,可有效减少失重。路途上的运输不宜超过 1 小时为好,应当想尽一切办法使牛只少受刺激或撞击,以免屠宰后牛肉的色泽可能变成暗紫色。

2. **牛只的年龄** 幼牛、年轻牛失重比成年牛、老龄牛要多。

3. **天气或季节** 极端的冷、热天气下运输会显著增加牛只的失重。运输的气温为 8℃～15℃时失重最少。

4. **运输方式** 短途运输时汽车比火车要好,长途运输则相反。应该说明,无论用何种交通工具,超载会造成不正常的高失重,载重不足而且无隔板时同样会造成高失重。青藏高原牧区,放牧育肥的牦牛向市场或公路边驱赶。在急赶或放牧采食不足时,失重很高,日减重往往可达 410 克。

(二)运输前的准备

1. **交通工具的准备**　依运输距离的远近,选订相应的交通工具。最好选订专门运载家畜的车辆(如用绝缘材料制造及有牛只上下车、喷水等设备的车厢)。车厢在装运前要清洗、消毒。冷季气温低时,铺垫谷物秸秆,暖季一般铺细沙(厚约 4 厘米),运输幼牛还可在细沙上铺少量秸秆。还要准备隔板、拴系绳及长途运输中的饲喂用具。

2. **牛只的准备**　牛只由一地运往另一地或出境时,运输前 10 天要向当地有关部门申请进行检疫和健康检查,并取得国家规定的相应证件后方可运输,以免出境发生延时或禁止出境而造成损失。

甘肃、青海等省的牦牛曾多次运往香港市场出售。根据经验,牦牛被毛长,买主难以看清膘情或估重,运输前最好剪去长毛,留 2~3 头未剪长毛的牛作特征对比,以便于买主估重,也可减少因南方气温高长途失重多或造成死亡。

3. **饲料的准备**　粗饲料最好为优质禾本科干草,豆科干草有轻泻作用,不宜在运输途中喂牛。精料按运前饲喂标准准备,一般不要改变组成及喂量。运输前 12 小时,应停止喂料,运输前 2~3 小时内,不宜过量饮水。

(三)运输中的注意事项

装车前,要仔细检查车厢,清除车厢内任何位置突出的铁钉或尖锐物,以免刺伤牛只。装车时避免追逐、叫喊或殴打牛只,想尽一切办法使牛少受刺激或伤害,固定好隔板,拴系牢靠,待牛安定下来后再开车,并由熟悉牛只情况、认真负责的人员押运。

炎热或寒冷的天气,敞车上应盖篷布,防晒防寒,但要注意适当通风。

汽车驾驶员中速开车,车速不能太快,转弯时要缓慢,尽量避免急刹车而致牛只跌伤或互相践踏。铁路运输时,车厢内始终要有人值班,特别要关好车厢门。运输途中要尽量防止牛只脱缰、跌倒而被踏伤。

要按时饲喂,先喂干草,后喂精料,并逐头饮足水。不喂青饲料及过多的精料和饮水,防止腹泻及过多排粪尿,造成车厢内地板变滑或弄脏牛体。

当牛运至终点站时,应缓慢地赶下,防止车门拥挤,牛从车上跳下摔伤。让牛只休息和先给少量的饮水,待牛只安定下来后再进行饲喂,然后刷拭或在指定地点清洗牛体,保持体表或被毛清洁而有光泽,以较佳外貌待售。

第九章　牦牛的产肉性能及
肉的初步加工

一、牦牛的产肉性能

（一）屠宰性能

1. **屠宰率**　牦牛的宰前活重,因类群、年龄、育肥程度的不同而有差别,屠宰率也不尽一致。我国成年阉牦牛的屠宰率一般为48%～57%,成年母牦牛的屠宰率为42%～50%。和普通牛比较,牦牛的屠宰率接近于我国的黄牛,低于国外肉用品种牛。各地牦牛产肉性能见表9-1。

表 9-1　各地牦牛的屠宰率和净肉率　（千克,%）

产　地	头数	年龄	活重	胴体重	屠宰率	净肉率	胴体含骨率
		公		牦	牛		
四川九龙	3	6 岁	471.24	248.69	52.77	44.33	16.00
甘南碌曲	2	4 岁	275.50	140.00	50.82	39.02	23.21
青海大通	5	成年	339.40	180.80	53.27	45.34	14.88
新疆巴州*	9	成年	237.78	114.73	48.25	31.84	34.01
		母		牦	牛		
甘南碌曲	2	成年	239.70	108.20	45.14	33.29	26.25
香格里拉牦牛	8	成年	309.10	178.77	57.60	45.68	18.33
新疆巴州*	3	成年	211.30	99.90	47.28	30.32	32.93

* 中下等膘情

2. 净肉率　成年阉牦牛的净肉率为 31%～45%；而我国良种黄牛成年牛的净肉率普遍都在 50% 以上。如经过强度育肥的南阳牛阉牛（体重 510 千克）净肉率可达 56.8%。

3. 胴体含骨率　成牛阉牦牛胴体含骨率为 14%～34%，成年母牦牛为 26%～32%；据前苏联报道，中等膘情以上的成年母牦牛胴体含骨率为 18.3%，1.5 岁阉牦牛为 20.8%。

（二）胴体组成

牦牛胴体的肌肉、骨、脂肪组织所占胴体重的百分率，在生长过程中有很大变化；肌肉的比例是先增加后降低，骨骼持续下降，而脂肪的比例则持续增加。但牦牛各体组织在胴体中所占比例，因年龄、性别、饲养水平的不同而有所差异。牦牛胴体组成见表 9-2。

表 9-2　牦牛的胴体组成　（%，岁）

类　别	性别	年龄	头数	活重（千克）	肌肉	骨骼	脂肪	骨：肉
九龙牦牛	公	2.5	4	194.33	75.62	22.80	1.58	1：3.32
	母	4.5	4	299.91	77.84	21.23	0.93	1：3.67
	阉	4.5	4	328.88	79.34	18.52	2.14	1：4.28
天祝白牦牛	阉	4.5	2	261.80	75.60	21.10	3.30	1：3.58
大通家牦牛	公	0.5	4	63.63	75.22	22.78	2.00	1：3.44
大通 1/2 野血牦牛	公	0.5	4	78.67	74.57	23.53	1.90	1：3.17

（三）非胴体部分占活重的百分率

非胴体部分指头、蹄及内脏各器官。同龄公、母牦牛所占活重比例基本一致，并随体重的增加，各内脏器官也相应增长。如 2.5 岁九龙公牦牛心、肝及肺分别占活重（194.33 千克）的 0.48%，1.34%，1.58%；4.5 岁九龙母牦牛分别占活重（299.91 千克）的 0.43%，1.22%，1.63%。

4～9岁阉牦牛血重占活重的 3.88%～4.2%,头重占
3.9%～5.69%,皮重占 5.48%～7.98%,胃总重占 3.6%～
4.13%,肠总重占 2.21%～2.71%(表 9-3)。

表 9-3　阉牦牛胴体与非胴体部分占活重的百分率　(千克,%)

项　目	天祝白牦牛 (n=3,4 岁)		西藏当雄雄牦牛 (n=4,9 岁)		蒙古牦牛 (n=30,4～9 岁)	
	重　量	占活重%	重　量	占活重%	重　量	占活重%
活　重	261.77	100	527.80	100	298.30	100
胴体重	133.37	50.95	240.60	45.59	145.80	48.90
血	10.90	4.16	20.50	3.88	12.50	4.20
头	14.90	5.69	27.30	5.17	11.60	3.90
胃总重	9.43	3.60	21.80	4.13	10.70	3.60
肠总重	7.10	2.71	11.65	2.21	6.90	2.31
心　脏	1.43	0.55	2.10	0.40	1.50	0.50
肺　脏	3.37	1.29	7.10	1.35	3.60	1.21
肝　脏	3.47	1.33	6.10	1.16	4.30	1.44
肾　脏	0.80	0.31	0.95	0.18	0.80	0.27
蹄	5.37	2.05	9.50	1.80	6.20	2.08
皮	20.07	7.67	29.00	5.49	23.80	7.98
其他*	3.83	1.46	—	—	1.90	0.64

* 包括脾、胆、生殖器官及尾

二、牦牛肉的化学成分

牦牛肉的特点是含蛋白质高而脂肪少。牦牛肉一般含蛋
白质 18.79%～21.59%;脂肪含量因部位不同而异,肋骨表

面肌肉含脂肪高达 11.87%,眼肌仅为 1.41%,一般牦牛肉含脂肪为 2%~5%。

牦牛肉的色泽比普通牛的深,呈深红色,这是由于其适应高山草原少氧环境,肌肉中肌红蛋白较普通牛高的缘故。牦牛肌肉中脂肪间层不足。

牦牛体脂肪呈橘黄色,大量沉积于皮下及腹腔。皮下脂肪厚度与育肥程度、性别等有关,一般母牦牛贮存较多(特别是膘好、当年未产犊的母牦牛),其次为阉牦牛,公牦牛贮存脂肪较少。幼牦牛皮下很少沉积脂肪。与普通牛相比,牦牛的脂肪中含胡萝卜素丰富,每 1 千克脂肪含胡萝卜素 19.1 毫克,而普通牛(吉尔吉斯牛)仅为 7.2 毫克。牦牛体脂肪的熔点为 52.9℃,凝点为 37.1℃,皂化值为 196.6,碘值为 31.8。

牦牛肉的另一特点是矿物质含量高。如天祝白牦牛、新疆和静牦牛、四川龙日牦牛肉中矿物质含量相应为 1.05%,1.07%,1.02%;而普通牛种牛肉一般为 0.92%。

牦牛肉的化学成分,与饲牧条件有很大的关系。如人工哺乳并在冷季补饲的幼牦牛,肉中干物质含量及热能值都要比无补饲的牛高。可见加强饲养管理对牦牛肉的化学成分有一定的影响。牦牛肉的化学成分见表 9-4。

表 9-4　牦牛及其他草食家畜肉的化学成分　(%)

肉 类	水 分	蛋白质	脂 肪	灰 分	热能值 (千焦/千克)
天祝白牦牛肉[1]	66.20	20.20	11.87	0.87	9618.88
天祝白牦牛肉[2]	76.32	21.13	1.41	1.05	5591.76
蒙古牦牛肉	72.76	18.79	5.03	0.92	6327.51
蒙古犏牛肉	72.69	18.14	6.31	0.91	6686.74
蒙古黄牛肉	69.79	17.31	9.51	0.83	7768.61

肉　类	水　分	蛋白质	脂　肪	灰　分	热能值 （千焦/千克）
新疆和静牦牛肉	75.30	21.19	3.76	1.02	6467.14
四川龙日牦牛肉	73.63	21.59	3.76	1.02	6467.14
四川龙日犏牛肉	72.31	21.73	4.94	1.02	6968.72
香格里拉牦牛肉[②]	71.62	24.69	2.36	1.33	—
香格里拉犏牛肉[②]	71.37	24.94	2.29	1.40	—
香格里拉黄牛肉[②]	72.02	24.54	2.05	1.39	—
普通牛种牛肉	72.91	20.07	6.48	0.92	6196.46
羊　肉	75.17	16.35	7.98	1.19	5903.39
马　肉	75.90	20.10	2.20	0.95	4312.40
骆驼肉	76.14	20.75	2.21	0.90	5657.20
鹿　肉	78.00	19.50	2.50	1.20	5367.48
兔　肉	73.47	24.25	1.91	1.52	4898.56

①阉牦牛胴体 10,11,12 肋骨表面肌肉样块

②阉牦牛眼肌

三、提高牦牛产肉性能的主要措施

（一）适当扩大杂种牛的饲养规模

杂种牛包括各种不同牦牛类型间的杂种牛、野牦牛和家牦牛间的杂种牛及种间杂种牛。

据报道,不同的牦牛类型间的杂交,对原产地的牦牛类群的生产性能改良效果并不显著,杂交优势不明显。可能是由于牦牛本身是一个较为原始的种,原产地类型与引入类型在生产性能上差别并不十分明显;再加上生产性能的表现程度受

生态环境、饲管条件的影响较大,如果引入地的生态环境较原产地更为恶劣时,性能的表现就会受到很大的抑制。例如青海省大通牛场于 1984 年引进成年九龙公牦牛与当地母牦牛杂交,在同样饲牧条件下,杂交后代的活重及产肉性能与当地牦牛无差别;而且九龙牦牛在引入地即使在自群繁育的情况下,其后代的活重不及原产地。

野牦牛为家牦牛的近祖,与家牦牛相比,野牦牛的体格要比家牦牛大得多,成牛野公牦牛的活重约为家牦牛的 2 倍;而且其对高寒少氧环境的适应性也比家牦牛强,在家牦牛难以生存的地方,有野牦牛繁衍、生活。在牦牛生产中,利用野牦牛来改良家牦牛,对家牦牛的生产力提高的程度较大。同时,野牦牛与家牦牛的杂交属种内杂交,没有雄性不育的问题,还可用来培育新品种。如青海大通牛场杂种牦牛中 1/2 野血犊牛初生重、6 月龄重相应为 15.29 千克和 86.1 千克,而相同条件下的家牦犊牛相应为 13.21 千克和 65.16 千克,尤其是 6 月龄活重,1/2 野血牦牛要比家牦牛高出约 1/3。

牦牛同普通牛种间的种间杂交,可获得较高的杂种优势,由于杂种雄性不育,因此,长期为经济杂交。在同样的饲牧管理条件下,杂种一代(犏牛)增重快,产肉性能高。如前苏联阿尔泰山区进行的杂交试验中,Ⅰ群为牦牛,Ⅱ群为西门塔尔公牛同母牦牛的杂种一代,Ⅲ群为短角公牛同母牦牛的杂种一代。3 群牛全年均在高山牧场放牧,冷季进行补饲,21 月龄的产肉性能见表 9-5。可见,杂种一代的产肉性能远高于牦牛。

表 9-5　牦牛和杂种牛的产肉性能　（千克）

牛群	性别	头数	月龄	活重	宰前活重	胴体重	内脏脂肪重	屠宰率（%）
Ⅰ	母	3	21	157.3	140.6	73.6	6.8	57.1
Ⅱ	母	3	21	276.6	240.5	123.6	11.1	55.9
Ⅲ	母	3	21	326.3	284.3	149.7	15.4	57.9

（二）做好牦牛的补饲工作

虽然说牦牛有较强的暖季补偿生长的能力，但是任何家畜的补偿生长都是有一定限度的，冷季过度的乏弱对牦牛生产性能影响较大。为了提高产肉性能，就应加强冷季的补饲。在暖季时注意贮备一定量的草料供冷季补饲用，有条件的地区还可补饲一定量的精料，尽量满足牛只冷季的营养需要。修建一些简易的棚舍，以利于牦牛防寒保暖，减少牛只在冷季活重的损失。

良好的放牧和补饲条件，是提高产肉性能和改善肉品质的主要措施。不同膘情牦牛的屠宰率差异较大（表 9-6），而且每 1 千克肉的热能值也不同。如下等膘的牦牛肉热能值为 4103.06 千焦/千克，而上等膘的牦牛肉则为 6037.37 千焦/千克或更高。因此在牦牛的育肥中，针对市场对牛肉品质的需要，同时依据牦牛生长的规律，搞好牦牛育肥，可显著提高产肉性能及肉品质。

表 9-6　不同膘情成年牦牛（阉、公）的产肉性能　（千克）

指标	上等膘	中等膘	下等膘
活重	440.0	408.1	334.7
胴体重	235.1	212.8	157.8
屠宰率（%）	53.4	52.1	47.1

(三)适宜的屠宰年龄

牦牛年龄越老,单位增重所消耗的营养物质就会越多,因为老龄牦牛增重主要是体脂肪的增加,而脂肪的沉积比肌肉的生长需要更多的营养物质。同时,年龄越老,饲养的时间就会延长,越度冷季的次数增多,冷季损失的活重也会增加,如阉牦牛从出生到4岁时,经过4个冷季,冷季总的减重相当于2头牦牛的净肉量。就肉的品质而言,老龄牛肉质较粗硬,风味差,肉中的脂肪过多,可降低人体对营养物质的消化和肉的烹饪特性。目前国内外市场含脂肪少的牛肉畅销,肉中蛋白质与脂肪的比例为1.3~1.7∶1为最佳。

由于牦牛产区生态条件和技术条件等的限制,多用淘汰牛生产牛肉,有计划的育肥工作较少进行。为了促进牦牛肉生产的发展,可以多方面地探讨适合于当地育肥牦牛的方法,力争将2~3岁的牦牛屠宰上市。其中牦犊牛肉的生产,也是一种值得借鉴的办法。生产牦犊牛肉的关键环节是提高母牦牛的繁殖率和犊牛个体的胴体重。通过人工授精等技术使犊牛集中在3~5月份出生、对母牛少挤奶或不挤奶(如果挤奶,挤奶时间尽量安排在7~8月份为宜)等措施,来加强犊牛的培育。如1991年在大通牛场举行的首次犊牛胴体竞赛活动中,36头参赛犊牛平均胴体重56.92±6.15千克,最重的胴体达72千克。这些犊牛全部未挤母奶,都是4月中旬以前出生,其中3月份占68.5%,4月份占31.5%。该场出售犊牛肉收入,约占全场牧业收入的1/5。

此外,育肥后牦牛由屠宰场驱赶、运输等过程中的活重损失,对其产肉性能也有一定的影响。

四、屠宰方法

（一）屠宰前的要求

肉用牦牛的屠宰应在定点屠宰场进行,要符合食品、兽医卫生要求,对操作人员没有危险,并能得到营养及商品价值良好的牛肉。

屠宰前 24 小时要停止放牧或饲喂,但每隔 6 小时供应 1 次饮水。宰前 8 小时停止饮水。牦牛在宰前要保持安静,不追捕、殴打,使牛惊恐。否则易引起内脏血管收缩,血液剧烈流入肌肉内,可致放血不全,影响牛肉的品质。

如进行宰前测定,对牛只要进行称重、评膘。

（二）电　晕

电晕俗称"麻电",通过专人操作电晕工具,使电流通过牛体,麻痹中枢神经而晕倒。3 岁以下牛采用电压 70～100 伏,麻电时间 8～10 秒;3 岁以上牛相应为 100～120 伏和 10～12 秒。

电晕可避免宰杀时对屠宰者构成危险,又可避免对牛只追捕、捆绑等过程而造成的强刺激。电晕后将牛倒悬吊上屠宰线传送带或捆绑牢四肢待宰。

（三）屠宰要求

1. 放血　电晕后应立即放血,用刀时注意避开食管和气管,割断颈部动脉及静脉,倒挂放血比横卧放血更充分。血盛入盆内,接血要卫生,血可食用。牧民一般从牛颈下喉部切断"三管"(血管、气管和食管),优点是操作快而简便,但血容易被食管中流出的胃内容物污染,甚至使血无法食用。

2. 剥皮　采用倒挂剥皮或横卧剥皮。将牛体后肢悬挂起来,沿腹中线切开,然后依腹壁、四肢内侧、颈、头、背的顺序将皮剥离。

3. 去头、四肢及尾 剥皮后沿头骨后端和第一颈椎间割断去头;前肢由腕关节处割断,后肢由跗关节处割断;尾由第一至二尾椎之间割断。

4. 开膛取出内脏 用砍刀沿胸骨剑状软骨纵向砍开胸膛,沿腹中线切开腹部及骨盆腔,须细心操作,不能损伤内脏器官,然后取出全部内脏、食管及气管。割除生殖器官及母牦牛的乳房。

5. 胴体劈半 胴体倒悬时,先由尾根沿脊椎到颈部垂直切开肌肉和脂肪,然后用劈刀劈半。一人持刀,两人站在左右帮助拉开腹腔,从正中直向下劈成两半,要保持腰椎棘突剖面完整,以免降低胴体上市等级。有条件时,可用电锯劈半。

(四)胴体的修整与冲洗

1. 胴体修整 仔细清除胴体表面的损伤、淤血及污物等,防止微生物繁殖和影响胴体外观质量。特别要注意修整颈部的血肉、伤斑及污物,包括除去肾脏及周围的脂肪。

2. 冲洗 修整后的胴体,应立即用冷水冲洗,但不得用拭布擦拭,以免增加微生物对胴体的污染,加快肉表面腐败变质或降低鲜肉的货架寿命。

五、牛肉的成熟与贮存

(一)牛肉的成熟

牦牛屠宰后胴体会变硬,这是由于肉中的糖元分解形成乳酸,使肉变成酸性所致,这一现象称为尸僵。尸僵以后的肌肉,随糖元的不断分解,乳酸继续增加,致使胶体蛋白质的保水性逐渐减少,肉内蛋白质与水发生分离而回缩,使尸僵缓解。这期间由于肌肉内发生的一些生物化学变化,肉质不仅变得柔嫩多汁,而且会释放出香味。这一全部变化过程为牛肉的成熟。

经过成熟的牛肉,煮熟后柔嫩多汁,肉汤透明,肉和汤均有特有的风味,容易消化;而未经成熟的牛肉,煮后较硬,肉汤浑浊,缺少特有的风味,吃后不易消化。

牛肉成熟所需的时间与温度有密切的关系。温度越高则成熟过程越快。如在29℃环境下,数小时成熟完毕;18℃经2昼夜可成熟;12℃经5天可成熟。但温度过高时,因污染微生物活动而易导致腐败。肉联厂通常将胴体置2℃~4℃的冷库中,保持2~3天使肉适当成熟。

牛肉成熟以后,对营养、卫生及风味等均有好处,但加工肉制品时,应尽量用未经过成熟过程的新鲜肉,因成熟后的牛肉结着力较差,制作的灌肠等肉制品组织状态松散,影响产品质量。

经成熟过程的胴体或牛肉,表面形成1层薄膜,保护肉面,防止微生物侵入而腐败;肉组织柔软而有弹性,肉汁较多,切开时有肉汁流出,有特殊香味;肉呈酸性反应。

(二)牛肉的贮存方法

屠宰过程中,不仅肉表面易污染微生物,一些微生物由血液及肠管侵入到肉内。据报道,每1平方厘米肉的微生物数量达到5千万个时,肉的表面便发粘及嗅到腐败味。牛肉中营养物质丰富,是微生物的良好培养基,温度适宜会使微生物大量繁殖使肉发生腐败。因此,鲜肉不宜在常温下久存。通常的贮存方法有干燥法、盐藏法和冷藏法。

1. 干 燥 法 主要是使肉内的水分减少,阻碍微生物繁殖，以达到贮存的目的。牧区用晾干、烘干、烤干方法除去水分，使肉干燥得以较久贮存。

2. **盐藏法**　食盐吸水性强，能使肉内的水分向外渗出，食盐向内渗入，直到平衡为止，使肉品脱水。附于肉表面的微生物也因盐的渗透作用而失活或受到抑制。但有的嗜盐或耐盐的细菌仍能繁殖，所以单独用食盐贮存牛肉也不宜过久，还应与干燥、低温配合。

3. **冷藏法**

(1)冷却肉　刚屠宰的胴体温度较高，为避免污染的微生物繁殖，在 0℃～－1℃ 的条件下进行冷却。为延长贮存期也可将温度冷至－6℃。

(2)冷冻肉　将胴体或牛肉采用－23℃～－25℃ 的温度下冻结，维持－18℃ 左右贮存，直到食用为止。如果中途温度升高，肉汁外渗，微生物就会乘机繁殖，使肉腐败变质。

六、牦牛的胴体分割和肉质感观评定

牛胴体的分割与评定，是生产优质牛肉和提高经济效益的主要环节。在分割过程中必须掌握牛胴体科学分割技术。由于牦牛肉产销量小等原因，对牦牛的胴体分割和肉质鉴定目前还无统一的标准，只能参照普通牛肉的分割及肉质感观评定标准进行分割及评定。

(一)牛的胴体分割

沿脊椎骨中央用电锯（斧或砍刀）将胴体劈为左、右两半，称二分体。半片胴体由胸部第十三至第十四（或第十四至第十五）肋骨间（牦牛肋骨比普通牛多 1～2 对）截开，称四分体，前边为前腿部，后边为后腿部。

1. 前腿部分割方法

(1)前小腿肉　前肢自肘关节割下,去骨。

(2)前腿肉　沿肩胛骨和胸臂结合处分割,使肩胛骨和上膊骨与胴体分离,去骨。

(3)胸肉　自脊椎骨内侧向前剔至颈部,剔掉颈骨使脖肉完整,不要割下,再用刀尖挑开肋骨膜,沿软肋向上将肉揭开至肋骨顶端后,将肋骨、脊椎骨和颈骨全部去掉,再从胸骨尖端处斜切至第十二肋骨上端,离椎骨约 15 厘米处,分割的下部为胸肉。

(4)脖肉　沿最后颈椎棘突方向斜切下的肉块。

(5)背肉　前腿部分割后余下的部分即为背肉。

2. 后腿部分割方法

(1)后小腿肉　由膝关节割下去骨,和前小腿肉合称小腿肉。

(2)腹肉　剔下第十四或第十五肋骨,沿腰椎下缘经肠骨角向下,将腹肌全部割下。

(3)里肌肉　由腰部内侧剔出带里肌头的完整条肉。

(4)腰肉　由第四腰椎骨(比普通牛少 1 个)后缘割下去骨。

(5)短腰肉　自第六荐椎骨(比普通牛多 1 个)处经髂骨中点作斜线切割。

(6)膝圆　沿股骨自然骨缝分离,再用刀尖划开股四头肌和半腱肌的肌膜,割下股四头肌。

(7)后腿肉　从坐骨结节下缘沿骨缝经髋结节,再沿股骨自然骨缝分离股骨后部肌肉(股二头肌、半腱肌和半膜肌)为后腿肉。

(8)臀肉　后腿部分割剩下的部分。

(二)牦牛肉的感观评定

感观评定是利用人们的感觉器官(视觉、嗅觉、触觉等)来对肉的好坏进行评定。也是选择食用或肉品加工原料的关键环节。因为牛肉贮存不当或发霉变质,就会降低甚至失去食用价值。

牦牛肉的色泽比普通牛(如黄牛)的深,呈深红色(普通牛肉为红褐色),脂肪呈橘黄色(普通牛的脂肪呈浅黄色或白色),育肥或膘情好的牦牛肉,肌肉组织间夹杂脂肪,断面显现深红和橘黄分明的大理石状花纹。1.5岁以下的小牛肉,肌肉和脂肪色泽较浅,但肉质较为细嫩、柔软,水分多,脂肪较少。

1. 鲜牦牛肉 肌肉有光泽,深红色均匀,脂肪橘黄色,即色泽、气味正常,外表微干或有风干膜,不粘手,切口稍潮湿而无粘性。肉质紧密富有弹性,指压后的凹陷立即复原,无酸、臭等异味,具有鲜牛肉的自然香味。腱紧密而有弹性,关节表面平坦而光滑,渗出液透明。

煮沸后肉汤透明澄清,脂肪聚于表面,具特有香味。

2. 陈牦牛肉 肉表面干燥,有时带黏液,色泽发暗,肉质松软,弹性小,切口潮湿而有黏性,指压后的凹陷不能立即复原,甚至肉表面有腐败现象,稍有霉味,但深层无霉味。腱柔软,关节表面有浑浊黏液。煮沸后肉汤浑浊不清,汤表面油滴细小,无鲜牦牛肉的香味,有时带腐败味。肉表面有霉点或霉斑(灰白或浅绿色),肉质松软无弹性,指压后的凹陷不能复原。肉的深层有较浓的酸败味。煮沸后肉汤呈污秽状,有难闻的臭味等,这种腐败肉不能加工肉制品或食用。

七、牦牛肉制品

(一)风干肉

藏语称"下干布"。是藏族群众传统的肉制品。制作风干肉的原料肉要选择健康、新鲜的牦牛肉。加工的季节性较强,多集中在气温较低、无蚊蝇的冷季进行,多在每年的11月份,这时气温一般在0℃以下,而且相对湿度较低(大多数地区均不超过54%)。在这样的气温和湿度下,肉易冻结,肉中水分也易干燥。

1. 加工方法

(1)屠宰与分割　牦牛屠宰后,将胴体沿脊椎骨一侧分成左右两片半胴体,其中一片带有脊椎骨;然后将连接的胸骨肉、颈骨肉解体;随后再将左右两片胴体从第十三与第十四肋骨间切开分成4片。这时将肉从骨上剥离成净肉体,再将肉切成长方形、重约1千克的小块,最后沿长轴将小块肉割一刀,根部不割断,成为"∧"形,以便晾挂。

(2)晾挂风干　将肉条用绳或铁丝悬挂在阴凉通风的房内,每条间隔1～2厘米。晾干时注意防风沙。这样晾挂40～60天后即成为风干肉。看肉是否达风干要求的方法是:从肉条中选一块最大的肉条用双手掰,如果容易脆断则说明已完成风干,其成品含水量约为7.46%。

优质风干肉的色泽呈棕黄色,表面油多,易断脆。劣质风干肉颜色黑、油少,不易掰断或硬而不脆。

2. 贮存及食用方法　多将风干肉装在布袋或木箱中,然后挂或置于通风阴凉处贮存,以防脂肪变性。

风干肉的食用方法有生吃和熟吃两种。生吃时一般将风干肉切成小块,可以随时食用;或将风干肉切成薄片,放适量食盐、辣椒面,用开水拌匀后做菜吃。熟吃时,先将肉切成薄片,用水浸泡变软后可炒吃、煮熟吃或凉后切片,与调料拌匀做凉菜食用。

(二)牛 肉 干

将牦牛肉加工成牛肉干,如市售的有五香牛肉干、咖喱牛肉干等。加工过程主要包括选肉及剔肉、煮肉熟化、切肉固形、炒肉、烘干和包装等。

1. **选肉及剔肉**　原料选择新鲜、符合卫生要求的牦牛肉。剔肉时按肌肉的自然结构分割成大块,分割时应着重剔除软骨、筋腱、脂肪、肌肉间质组织及其肌肉表面的肌膜。

2. **煮肉熟化**　精选后的牛肉可放入蒸汽沸水锅内蒸煮,约 4 小时后即可完成肉的熟化过程,捞出置在案板上。

3. **切肉固形**　熟化后的牛肉凉后,按肌纤维面切成长1.5厘米、宽 1 厘米、厚 0.5 厘米的长方形小块。

4. **炒肉**　切好的小肉块在锅中炒制。肉块倒入锅后先加少许开水翻炒数分钟,然后按比例加入调料,再加开水至淹没肉为止。经翻炒 3 小时后,炒锅无浮水即可铲入竹笼中沥水 4小时。牛肉干调料参考配方见表9-7。

5. **烘干**　将沥水后的炒肉放入 $50℃\sim60℃$ 的恒温烘箱或烘房筛架上,连续烘 6 小时(每隔 $1\sim2$ 小时调动筛位),要特别注意烘箱的温度变化,及时调整温度。

表 9-7 50千克熟肉添加的调料配方 （千克）

调 料	麻辣牛肉干	五香牛肉干	咖喱牛肉干
食 盐	1.00～1.50	1.90	0.75
酱 油	1.00	1.00～2.00	1.50～3.00
曲 酒	0.50	0.30～0.50	0.25
白 糖	1.00	1.05	0.60～3.0
咖喱粉*	—	—	0.50
胡椒面	0.05	—	—
花椒面	0.15	0.15	—
辣椒面	1.00	0.20	—
五香粉	0.05	0.35	—
生 姜	0.25	—	0.40～0.70
味 精	0.05	0.25	适量
芝麻面	0.25	—	—
香 油	0.50	—	—
色拉油	1.00～2.00	—	0.40～0.60

* 咖喱粉的配方（重量比）：姜黄60,白辣椒13,芫荽籽8,小茴香7,碎桂皮12,姜片2,八角4,花椒2,胡椒适量

6. 包装 肉干烘干后,摊晾24小时(不能趁热装袋,否则易使肉干变质),待肉干晾透后即可用塑料袋进行真空包装,每袋的规格有500克,250克和50克不等。

（三）牛肉松

1. 原料肉的准备 牦牛肉除去骨、脂肪、筋腱和结缔组织后,顺纤维纹路,先切成肉条,再切成长3厘米的短条。

2. 配料 肉松的配料标准,随各地喜食的风味而异。参考配方(千克):瘦肉50,酱油11,白糖1.5,黄酒2,生姜0.5,茴香60克。

3. **煮肉** 把切好的短条肉放入锅中,加入等量的水,用大火煮沸以后,撇去上浮的油沫,再将肉煮烂。此时将调料放入,再继续煮至汤快干时为止。

4. **炒压** 用中等火候,一边用锅铲压散肉块,一边翻炒。注意不要压散翻炒得过早或过迟。过早时肉块不易压散,过迟时易产生焦锅煳底现象。

5. **炒干** 火候要小并要勤翻,在肉块全部松散和水分全干时,肉色由灰棕色变为灰黄色,最后成为具有特殊香味的肉松。

6. **包装与贮存** 肉松的吸水性很强,要特别注意包装和贮存。短期贮存时,可放入防潮纸或塑料袋内;如长期贮存,可用马口铁罐包装。

(四)藏式灌肠制品

藏式灌肠制品分小肠灌肠、大肠灌肠、灌肚子和血肠 4 种。

1. 原料及配方

(1)**小肠灌肠** 藏语称"桔那",即黑肠。一般用糌粑面或大米粉、面粉 10%,牦牛血 70%,横膈膜肉 15%,内脏脂肪 5%,食盐适量(咸淡与酥油茶相同)。

(2)**大肠灌肠** 藏语称"桔嘎",即白肠。通常用牦牛血 25%,内脏脂肪 25%,横膈膜和腹肉 50%,食盐适量。

(3)**灌肚子** 藏语称"酱地"。用牦牛血 50%,内脏脂肪 15%,小里脊肉和横膈膜 35%,食盐适量。

(4)**血肠** 藏语为"亦合"。采用全血,加少量的野葱、野蒜,适量的食盐。也有不加野葱、野蒜的。

2. 加工方法

(1)**剁肉** 将肉、脂肪、野葱等用刀剁碎,比饺子馅稍粗些为宜,并将血块搅碎。

(2)拌馅　依配方的比例将各种原料倒入盆中搅拌。

(3)灌制　灌制之前先检查肠胃是否洗净或漏气。灌馅时常用大肠头或牛羊真胃代替漏斗。

(4)捆扎　灌好的大肠不需要捆扎,但小肠灌好后,要一圈一圈盘起来,便于下锅和检查灌肠的饱满程度,每圈应有1/4～1/3的肠子是空的,因全灌满煮时容易破裂。

(5)煮制　煮制可使灌肠具有特定的香味,在使蛋白质凝固的同时,抑制酶的活性,杀死微生物。将灌肠放入锅内,加入冷水或温水煮,快沸时用细针在肠壁上扎孔放气,防止煮时破裂。全血肠煮沸后2～5分钟即可捞出,其他肠一般煮2小时左右。

3. 贮存　灌肠制品因含水分较多而不能久存,一般是现加工现食用。但在冷季如挂在通风阴凉处也可保存1个月左右。

(五)酱牛肉

1. 原料肉的选择　选用肥度适中的鲜牛肉或解冻牛肉,清除腺体、污物 后洗净,用清水浸泡排出血污,浸泡时间0.5～2小时。切成约1千克左右的肉块。

2. 配料　配制50千克肉块用调料(千克):食盐1～1.5,酱油2～3,八角0.1,花椒0.01,小茴香0.02,草果0.02,桂皮0.1,生姜0.2,山奈0.05,白芷0.05,蒜、葱适量。

3. 酱煮　先将老汤煮沸,撇尽浮沫,再下肉块,锅开后加入食盐等调料。大火煮1～2小时,用铁箅子压锅,使肉块没入汤中。后用小火焖煮3～4小时,中间翻搅2～3次,防止煳底。出锅时上抓下托捞出肉块(防止肉块散开),用汤冲净肉块表面,置于竹箅子上沥去汤汁,冷却后即为成品。

(六)酱牛杂碎

选新鲜及符合卫生要求的牛内脏、头、蹄(包括蹄筋)作为原料,分别清洗、整理,心、肺、皱胃、直肠等不分割,头(取出脑)、蹄等分割成约1千克的条块。在清水中浸泡1～2小时,捞出沥干。调料同酱牛肉(可依当地的习惯风味,加减相关的调料)。

先将老汤煮沸,撇净浮沫,锅底加竹箅子后投入杂碎。用重物压杂碎使汤浸没。先大火煮半小时后加调料,再煮半小时加酱油。随后小火盖严锅盖炖,2小时后加食盐,约煮4～5小时,翻搅3～4次。肝、脑、心、蹄等可提前出锅,杂碎出锅后分别放置并沥干即为成品。

第十章　牦牛奶的初步处理与加工技术

一、牦牛及犏牛的产奶量及奶的成分

（一）产奶量

在青藏高原上，牦牛一般4～6月份产犊，泌乳初期由犊牛自然哺乳而不挤奶。6～10月份（或暖季牧草盛期）才为挤奶期，挤奶兼犊牛自然哺乳。牦牛挤奶期因产犊时间不同而有差异，一般为100～150天。进入冷季后，停止挤奶，由犊牛自然哺乳或干奶。

各地牦牛的产奶性能见表10-1，可见差异较大。与牛群和牧草的质量、挤奶期和挤奶次数、饲牧管理技术等有关。我国牦牛的产奶量在200～500千克之间，乳脂率为5.36％～6.82％。

各地犏牛的产奶性能见表10-2，用不同父本杂交的犏牛中，以黑白花牛、西门塔尔牛为父本的犏牛产奶量最高。

表 10-1　各地牦牛的产奶性能

产　地	测定头数	挤奶日数	产奶量（千克）	乳脂率（％）
甘肃天祝	223	135	304.0	6.82
甘肃山丹	21	180	464.0	5.36
青海大通	181	153	214.5	5.55
青海巴塘	91	153	487.2	6.40
四川九龙	21	150	482.2	5.65
西藏黑河	19	105	280.8	—
云南香格里拉	—	180～210	108～132	6.20

表 10-2　犏牛及其父本的产奶性能

杂交组合或品种	胎次	挤奶日数	产奶量（千克）	乳脂率（%）	说　明
蒙古牛×牦牛	—	264	850~900	5.60	
黑白花×牦牛	1	149	808.5	5.15	四川红原
西门塔尔×牦牛	1	149	704.8	4.91	四川红原
海福特×牦牛	1	149	648.0	4.81	四川红原
安格斯×牦牛	1	149	506.8	5.02	四川红原
瑞士褐牛×牦牛	3以上	—	1505.0	5.10	吉尔吉斯
黑白花牛×牦牛	1	145	1162.8	—	日补1千克精料
蒙古牛		150~195	665.0	5.0	
中国黑白花牛	5以上	305	6546.1	3.3~3.4	
西门塔尔牛	1	305	2912.5	4.2	四川红原
海福特牛	—		1100~1800	—	前苏联
安格斯牛		173~185	639	3.94	日本
瑞士褐牛			3860	3.87	

（二）奶 成 分

牦牛奶的特点是干物质和脂肪的含量高,脂肪球直径大,适宜加工黄油。天祝白牦牛的奶成分(%):干物质 16.91,脂肪 5.45,蛋白质 5.24,乳糖 5.41,灰分 0.77。热能值为 3647.54 千焦/千克,密度($D20℃/4℃$)为 1.0387,乳脂肪球平均直径为 4.13 微米。

前苏联吉尔吉斯牦牛的奶成分(%):干物质 17.35,脂肪 6.05,蛋白质 5.32,乳糖 4.62,灰分 0.87,密度为 1.0361,乳脂肪球的直径为 4.39 微米。含钙、磷丰富。即含氧化钙(CaO)0.3028%,五氧化二磷(P_2O_5)为 0.2851%。

各地牦牛及犏牛的奶成分见表 10-3。可见牦牛奶中含干物质为 16.91％～17.69％,乳脂肪为 5.45％～7.22％,蛋白质为 4.91％～5.32％,远高于普通牛种奶的各成分,而与水牛奶相近。犏牛的奶成分介于双亲之间。

表 10-3　各地牦牛、犏牛等的奶成分　（％）

牛　别	干物质	脂肪	蛋白质	乳糖	灰分
天祝白牦牛	16.91	5.45	5.24	5.41	0.77
四川红原牦牛	17.69	7.22	4.91	5.04	0.77
四川九龙牦牛	17.08	6.13	4.86	5.31	0.82
吉尔吉斯牦牛	17.35	6.50	5.32	4.62	0.87
尼泊尔牦牛	17.40	6.50	5.40	4.60	0.90
犏牛（四川红原）	14.95	5.31	3.99	4.88	0.69
蒙古牛×牦牛	15.85	5.60	4.01	5.29	0.95
瑞士褐牛×牦牛	15.30	5.30	4.40	4.80	0.80
黑白花牛（北京）	12.00	3.45	2.79	4.97	0.79
中国黄牛	12.75	3.90	3.40	4.75	0.70
瑞士褐牛	13.00	3.71	3.40	4.97	0.82
西门塔尔牛	12.82	3.94	3.51	4.67	0.70
安格斯牛	13.10	3.90	3.30	5.20	0.70
瘤　牛	13.45	4.97	3.18	4.59	0.71
水　牛	17.96	7.60	4.36	4.83	1.17

（三）人奶和其他家畜的奶成分

母奶是胎儿脱离母体后,生长发育不可缺少的食物,也是幼儿(仔)达到摄取普通食物或饲料的桥梁。人奶、牛奶及其他家畜的奶成分(表 10-4)各不相同,但各适其类(幼儿),消化率为95%～98%。普通牛种及山羊奶的成分,与人奶相近,只有乳糖稍低,即用于喂婴儿时要加糖。在产仔后母畜缺奶或有病死亡时,就用牛奶或山羊奶来配制人工奶饲喂其幼仔,应根据其母奶的成分,适当增减相应的营养物质,以满足幼仔生长发育的需要。

表 10-4　人奶和其他家畜的奶成分　(%)

种　类	干物质	脂　肪	蛋白质	乳　糖	灰　分
人　奶	12.42	3.74	2.10	6.37	0.30
山羊奶	13.90	4.40	4.10	4.40	0.80
绵羊奶	16.43	6.18	5.15	4.17	0.93
骆驼奶	11.75	2.50	3.60	5.00	0.65
马　奶	10.50	1.60	1.90	6.40	0.34
驴　奶	9.88	1.37	1.85	6.19	0.47
猪　奶	15.96	4.55	7.23	3.13	1.05
犬　奶	21.02	8.58	7.27	4.09	1.08
鹿　奶	34.75	19.73	10.96	2.63	1.43
兔　奶	30.50	10.45	15.54	1.95	2.53
象　奶	33.30	22.07	3.21	7.39	1.43

二、奶中主要成分的一些理化特性

(一) 水

水在奶中以3种不同的状态存在:

(1)游离水　又称自由水,自由地充满于奶的各成分之间,奶在加热或浓缩时可蒸发除去游离水,并在0℃下首先结冰。奶的许多理化过程与生物学过程都与游离水有关。如在加工奶粉、炼乳时,除去或部分除去游离水。

(2)结合水　结合在奶中的蛋白质、乳糖等物质中,无溶解其他物质的特性,在游离水蒸发、结冰的情况下,它不蒸发、不结冰,除去较困难。由于奶粉中保留着这种水,用自然水溶解以后,可恢复奶的胶体状态。加热到 150℃～160℃时才能除去,但奶中蛋白质、乳糖、脂肪遭到破坏,奶无食用价值。因此,奶粉中一般应有 3%～5% 以下的水。

(3)结晶水　按定量比例以分子形式与乳糖连接在一起,因而很稳定。加工成的乳糖(乳糖晶粒)中含有 1 分子结晶水。

(二)脂　肪

奶脂肪以脂肪球悬浮于奶中。脂肪球由厚约 5 毫微米的白色脂肪球膜包裹或保护着,带负电荷,互相排斥,不凝结,使脂肪球稳定地分散于乳汁中。在显微镜下才能看到大、小不等的脂肪球,每毫升奶中约有 20 亿～40 亿个。在黄油加工中经过机械的搅拌,牧区在酥油桶中反复的捣打,可加工成黄油。在其他乳制品的生产过程中,要尽量避免脂肪球遭破坏。如在奶的运输过程中,奶桶应盛满奶,防止半桶奶剧烈振荡而破坏乳脂肪球膜,使脂肪上浮或凝结成块。奶结冰后,游离水变成冰晶,体积增大,脂肪球受挤压、变形破裂或冰晶刺破脂肪球膜也会使乳脂肪上浮。

牦牛乳脂肪的融点(固体变为液体)为 39.6℃,凝点为 27.1℃,碘值为 26.6,皂化值为 245,挥发性脂肪酸值为 32.6。普通牛奶脂肪的融点为 28.4℃～33.3℃,凝点为 19℃～24.5℃,密度(D20℃/4℃)为 0.925,比重(d15℃/15℃)为 0.935～0.943。

(三)蛋　白　质

牛奶中的蛋白质含有人体所需的全部必需氨基酸,是全价蛋白质。在蛋白质中主要是酪蛋白、乳白蛋白、乳球蛋白和少量的脂肪球膜蛋白。

酪蛋白约占奶蛋白质的83%。纯的酪蛋白是白色、无味、难溶于水的粉末。依酪蛋白的凝结特性可加工成酸奶、干酪、食用及工业用干酪素。

乳白蛋白约占乳蛋白质的13%。在酸或皱胃酶作用下不发生凝结或沉淀。但加热到70℃以上时开始变性沉淀，即怕高温。乳白蛋白容易消化吸收，在生理上有重要意义。家庭的鲜奶要减少70℃以上加热的次数或高温加热，以有效保存乳白蛋白。

乳球蛋白约占乳蛋白质的4%，常乳中的含量仅为0.1%，初乳中含2%～15%。又称免疫性球蛋白，据报道，在牛乳腺中无法生成，它是从血液中吸收来的。虽然常乳中含量少，但非常宝贵。在酸性条件下，加热到75℃时凝结或变性沉淀。

（四）乳　糖

乳糖是哺乳动物乳腺或奶中的特产，以溶液状态存在于奶中，属于双糖。甜度约为蔗糖的1/6，即相同重量的6份乳糖才能达到1份蔗糖的甜度。

乳糖在某些微生物的作用下，引起发酵，1分子乳糖可产生4分子的乳酸，当乳酸达到一定程度时，可使酪蛋白凝结，使乳无法食用甚至酸败。但如果有效利用和控制乳糖的发酵作用，可加工酸奶、马奶酒（酒精发酵）等制品。

（五）维　生　素

奶中含有人和家畜所需的各种维生素。有溶于脂肪中的脂溶性维生素A，维生素D，维生素E，维生素K；还有溶于水中的水溶性维生素C，维生素B族及维生素PP（尼克酸）。在奶及乳制品加工过程中,各种维生素都有不同程度的损失。维生素 A,维生素 D,维生素 E,维生素 B_2,维生素 PP 对普通加热处理表现较稳定;维生素 B_1,维生素 B_{12} 损失较多;最不稳定的是维生素 C,在加热、光照及有氧条件下损失很多。牛奶在日光照射下,维生素 B_1,维生素 B_2,维生素 B_6,维生素 K 会受到不同程度的损失。

(六)无机盐

在奶的成分中,一般用灰分来代表无机盐的含量。主要有磷、钙、镁、钠、钾、硫等,还有一些微量元素铝、铁、碘、锌、硼、钴等。这些微量元素在营养上是很重要的,有时在奶中要添加或强化。

奶中的无机成分来自饲料或饮水,当地的土壤、饲料、水中缺乏何种元素,相应地在奶中也缺乏。另外,无机盐的含量也受泌乳期、牛只健康状况等的影响。

三、牛奶的有关理化指标

(一)色泽和风味

牦牛奶的正常色泽呈荧光白色或带微黄色。荧光白色是奶中脂肪球、磷酸盐、酪蛋白酸钙等对光反射或折射而形成的。微黄色是奶中的色素物质造成的,奶经煮沸或高温处理后,奶中某些盐类变性而失去荧光白色呈死白色。奶的色泽出现淡蓝、粉红、红色多为污染了微生物或乳腺发病后造成的,属于色泽异常奶。

奶的正常风味为奶香味、微甜,无异味。奶香味来自奶中的挥发性脂肪酸等物质,加热时奶香味变浓而显著,冷却后减弱。微甜味来自乳糖,我国牦牛奶中乳糖含量 5%以上,比普通牛奶较甜。

奶是容易吸附外界各种气味的食品。在挤奶、运输、加工、贮存的过程中，易吸附各种异味，并很难除去而影响奶的风味。同鱼、虾、葱、蒜等一起储运时，可吸附相应的气味。牦牛采食草原艾蒿、野葱或带气味的饲料，奶中也带有野葱、艾蒿等气味。奶被微生物污染变质会出现酸味、霉腐味、鱼腥味等，母牦牛患乳腺炎时所产奶带咸味。

(二)比重和密度

牛奶的比重(d 15℃/15℃)，四川九龙牦牛奶为 1.035～1.037，普通牛正常奶为 1.032。

牛奶的密度是指 20℃时的奶与 4℃时的水，同体积的质量之比(即 D20℃/4℃)。青海大通牛场牛奶为 1.036，犏牛奶为 1.034，普通牛正常奶的密度为 1.030。牛奶的密度较比重低 0.002，并以此差数来进行换算。

乳品场或设在草原上的鲜奶收购点，收购牧户的牛奶时，通过感观、密度计或比重计等进行检验，来评定奶的质量(是否掺水或分离出乳脂肪)。如奶中掺入水后，奶的密度降低(水的密度为 1.000)，奶中加入 10% 的水，则密度降低0.003。

(三)冰点和沸点

牛奶的冰点变化范围 -0.535℃～-0.565℃，平均为 -0.540℃。牛奶的冰点比水低，是由于奶中存在乳糖和盐类。

牛奶的沸点在 101.325 千帕(1 个大气压)压力下为 100.55℃，稍高于水。

(四)酸　　度

酸度是牛奶化学性质或新鲜程度的指标之一。常用的单位为"T"(吉尔涅尔度)。新鲜牛奶的酸度为 16°T～18°T。

牛奶的酸度越高，说明污染微生物多或活动时间长，产生的乳酸越多,对热的稳定性就会越差,即遇热越易凝结。牛奶在 20°T 煮沸时不凝结,28°T 煮沸时凝结,30°T 加热至 77℃凝结,40°T 加热至 63℃凝结,50°T 时加热至 40℃凝结,60°T 温度达 22℃时会自行凝结。

四、防止奶污染的主要措施

一切异物或微生物进入奶中都会造成奶的污染,引起奶变质或传播疾病,危害消费者的健康。奶是微生物的天然培养基,被微生物污染的奶,在适宜的温度下,会很快引起发酵、腐败变质。据报道,牛体上附着的粪块、尘埃,1 克中约有 10 亿个细菌之多,1 个细菌进入奶中,在温度适宜时,经过 12 小时可累计繁殖总数达 1600 万个。因此,在挤奶、奶的贮存、运输及乳品加工的各个环节,必需采取卫生措施,防止有害人、畜健康或致病微生物污染奶或乳制品。

(一)来源于牛体及空气的污染及防止措施

牛体特别是后躯、乳房、尾毛等部位附着许多微生物,是挤奶时奶污染的主要来源。牛舍或棚圈、运动场上的尘埃或空气中的微生物,可通过牛乳头管进入乳房。挤奶、收奶、运输及加工过程中,鲜奶暴露于空气中,都会受到空气中微生物不同程度的污染。因此,要特别注意牛舍或棚圈的卫生,严格执行兽医卫生防疫制度,要经常刷拭牛体,挤奶前要清洗乳房、乳头及腹部,牦牛乳房及周围被毛过长时暖季可剪去。将最初挤出的奶弃去(牦牛犊吮后才挤奶时不必再弃去),收奶桶最好放在收奶间,牧区可放在牛群边的草地上,不要为省时而置于牛群圈地之中。收奶桶始终要有过滤纱布覆盖。

（二）来源于饲料、水及牛排泄物的污染及防止措施

饲料、水及牛只粪便中都不同程度地含有各种微生物，特别是粪便中微生物更多、更杂。挤奶时不清扫牛圈或棚舍、不添加引起尘土飞扬的饲料，洗涤奶桶及挤奶用具的水要达到饮用水的要求，防止饲料、污水及牛排泄物落入奶中。

（三）来源于生产人员、用具及其他污染的防止措施

牛奶的生产人员，包括挤奶及饲养人员的健康与奶的卫生有很大的关系，凡患传染病及带菌者，很容易将病菌传入奶中。在未治愈之前，暂不能参加乳品生产的各个过程，以保证奶源及乳制品的卫生。从事乳品生产的人员，为了对消费者及自己的产品负责，每年健康检查1～2次。要讲究个人卫生及遵守食品法规及操作规程。穿工作服装，修剪指甲，一般不要使用味浓的化妆品。

挤奶用具（挤奶桶、盛奶桶及过滤纱布等）用后先要彻底清洗消毒，置室内或草原阳光下干燥备用。

除上述外，要防止昆虫（如苍蝇等）的污染，原料奶中不得掺入水或其他物质，奶桶或包装材料要清洁无公害。初乳、变质奶及患传染病牛的奶不得掺入好奶中出售，要单独处理或遵照兽医人员的意见处理。不得用国家禁用或有严重残毒的消毒药品消毒棚圈或用于牦牛药浴。

五、牦牛奶的过滤、冷却与贮存

（一）过　滤

在挤奶及原料奶的出售等过程中，奶中会混入一些杂质或受污染，要过滤除去。要求奶从一个容器倒入另一个容器或从一个工序到另一个工序，都要进行过滤。

牧户常用纱布过滤法。要求用3～4层纱布捆在奶桶或容器口上进行仔细过滤。一块纱布或纱布上的一个过滤面,视奶中混入杂质的情况,过滤奶50～120千克后就要更换。纱布用后要彻底清洗并煮沸消毒10～20分钟。

(二)冷却与贮存

冷却是保存原料奶新鲜、优质的必要条件,也是奶初步处理的基本方法。刚挤下的奶,温度约为32℃左右,是微生物繁殖、发酵的最适宜的温度,如不尽快冷却,甚至置于生火的帐篷内或草原上日晒,就会很快变质,造成乳品厂收奶站拒收。奶迅速冷却不仅可以有效抑制奶中微生物的繁殖,还能延长生奶自身抗菌物质(名为拉克特宁)的抗菌期限。鲜奶中微生物污染少,冷却迅速,冷却温度低,抗菌特性保持的时间长,奶的新鲜度保持就越好。

草原上牛奶冷却的方法,主要用泉水、河水、井水冷却。要求冷却水池中的水量为奶的4倍,水面要高出奶桶中奶的液面2～3厘米。池底应有放置奶桶的木垫(高10厘米)。冷水最好从池底进入,池面出水,用进出水量来调节水温,不断更新或对流。因奶的导热性较差,奶桶入池后的最初几小时,要对奶进行多次搅拌,加速降温。每3～7天清洗水池1次,再用石灰液消毒,以防水池出现异味、霉味等。冷却水池中不得洗涤食品或其他任何东西,保持清洁卫生。高山草原阴坡泉水、从雪山流来的河水,都可将奶冷却到6℃～10℃。河岸边有残冰的河水,在岸边搭棚将奶桶系、吊入河水中,奶可冷却至5℃～7℃。将盖严不透水的奶桶系吊入水井中,奶可冷至8℃～12℃。这种水池冷却方法的优点是就地取材,设备简单,适于暖季频转放牧场的牛群。缺点是奶冷却速度慢,冷却过程中要经常搅拌,不便于管理。

草原上奶的冷却，只能暂时贮存或停止微生物的活动。因此，冷却奶应及时加工处理或出售，避免奶温升高，微生物又开始活动。奶的冷却温度可根据需要贮存的时间来确定，冷却温度越低，奶的贮存时间就越长（表10-5）。但奶如果贮存于0℃以下，会冻结成冰，可使奶中的蛋白质发生不可逆的变化而沉淀，乳脂肪上浮。所以贮存温度不能低于0℃。

表 10-5　奶的贮存时间与冷却温度的关系

奶的贮存时间（小时）	奶应冷却的温度（℃）
6～12	10～8
12～18	8～6
18～24	6～5
24～36	5～4
36～48	2～1

六、杀菌（消毒）

奶的杀菌也叫消毒，是杀死奶中的有害微生物，保障消费者的健康和卫生，提高奶在加工、贮存和运输中的稳定性，使奶在一定时间内不会变质或酸败。市场上出售的消毒奶就是将鲜牛奶经净化、杀菌、均质和包装后，直接供消费者饮用的。

（一）低温长时间杀菌

这是一种国内外延用很久的保温或保持式杀菌法。将牛奶加热至62℃～63℃，保持30分钟。病原菌在这种热处理的条件下可被杀死（杀菌率达99％），但部分的耐热菌及乳酸菌还存活于奶中，因此这种消毒奶依然不能久存，但奶中大部分营养成分不会受到破坏。一些牧户牛场用铁皮制成水浴锅,将奶桶水浴加热并不断搅拌来消毒。但奶易污染,温度也难以控制。

(二)高温短时间杀菌

这是大型乳品厂使用的一种连续式杀菌法,有专用的成套设备,温度自动控制,牛奶在设备的管道内连续流动,不与外界接触,防止污染的效果好,节省热能且省时省力。将牛奶在 72℃～75℃经 15～40 秒,80℃～85℃经 10～15 秒或 80℃～90℃经 1～4 秒的杀菌。适用于奶粉、奶油及干酪的加工。杀菌效果高于低温长时间杀菌法。

(三)煮沸及其他方法

煮沸是家庭采用的牛奶消毒法。将奶加热至沸点为止,能杀死奶中的病原菌,但同时对奶的品质影响较大,白蛋白全部沉淀,维生素破坏较多,维生素 C 破坏更多,磷酸钙沉淀 6% 左右,乳糖焦糖化或分解产酸,奶的酸度增加。因此,市售的消毒奶不能再煮沸,应直接饮用或水浴加热后饮用。如反复加热对营养成分的破坏更大。

简易瓶装消毒法。将牛奶装瓶后,在蒸笼内加热至80℃～85℃,保持 10～15 分钟,其消毒效果较好。

七、包装及运输

(一)包　装

奶经冷却或消毒冷却后,为了保持消毒效果,防止奶在运输、出售过程中的污染,必须进行合理包装。鲜奶经过包装后也便于分送及零售。目前,草原上原料奶除用乳品厂提供的金属奶桶外,牧户多用塑料桶盛奶,或用塑料瓶(杯、袋)等包装鲜奶。

塑料制品采用无毒的聚乙烯或聚丙烯制成,同玻璃瓶比较,重量轻,破损率低,塑料桶中的冷却奶置常温下升温慢,并能耐酸、碱液清洗。塑料制品的缺点是易变形和表面易磨损、吸附污物、久用外观陈旧。

奶桶要求表面光滑、无毒的不锈钢桶或铝桶。镀锌或挂锡的铁皮桶尽量少用。绝不能从市场上购买低价处理、已装过涂料、化学制剂等的废桶及有毒的聚氯乙烯制的塑料桶。聚氯乙烯塑料制品有毒,手摸表面发黏,难燃烧,离火就灭,火焰为绿色,带呛鼻气味,不能包装食品;聚乙烯制品无毒,手摸表面滑润,似有蜡层,易燃烧,如同蜡泪滴落,火焰为黄色,带石蜡味。

盛奶桶(瓶)及挤奶用具使用后,必需清洗及消毒。

(二)运　输

草原上原料奶由牧地运往乳品厂、收奶站或用户,无论用何种运输工具(驮牛、马车、汽车),要尽量缩短运输时间或中途停留时间。为防止奶在运输途中升温变质,天热时最好选在早晨或夜间运输,天冷或风雪天要防止奶结冰。必要时要用隔热的覆盖物遮蔽奶桶,然后用防水布盖好,天热时可将覆盖物浸湿。

奶桶要盖严,桶盖内应有橡皮衬垫,禁止用碎布、塑料膜(袋)或报纸等代替。运送奶的车辆不得顺便带运活畜禽及皮、毛等有异味的杂物。要专车专用,保持奶桶及车厢卫生。

为防止震荡,夏季应将奶桶装满、盖严。冬季不能装得太满,避免因结冰而使奶桶破裂。奶桶要轻装轻卸,交售后空桶要及时清洗。运输是保持鲜奶质量的主要环节,运输不妥时往往会受到很大的损失。

八、酸牛奶加工

酸牛奶是以奶为原料,经乳酸菌发酵加工而成的乳制品。牧区多为不加糖的凝结型酸牛奶;城市出售的一般为加糖酸牛奶,有凝结型和搅拌(软质或液状)型。酸牛奶加工的工艺流程见图 10-1。

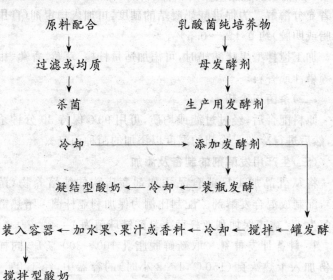

图 10-1　酸牛奶加工工艺流程

(一)原料奶的配合

加工酸牛奶的原料奶必需新鲜,酸度不超过 $18°T$,乳脂肪含量在 3.2% 以上。脱脂乳的平均干物质在 8.3% 以上。对奶粉、炼乳等原料在投产前应进行感观及理化指标检验。成品酸奶无脂干物质为 13%～14%,蔗糖约 8%,一般不得加入人工着色剂。参考配方(千克):①全乳 100,蔗糖 10,发酵剂 2.5～3.5,香料及稳定剂适量(无锡轻工学院 1983《乳品加工学》);②脱脂乳 100,脱脂奶粉 5～6,蔗糖 8～9,发酵剂 2～2.5,香料及稳定剂适量(据林庆文《乳品制造学》)。

牦牛奶干物质含量高,用其脱脂奶加工酸奶可不加脱脂奶粉。加蔗糖及脱脂奶粉时,将原料奶加热至 40℃～60℃,使两者充分溶解。为促进酸奶凝结的硬度,可加入稳定剂(食用琼脂或明胶)约 0.1%～0.5%。

加工搅拌型果味酸奶时,可添加适量柠檬、草莓、香蕉、柑橘等果汁或香料。

(二)杀菌与冷却

原料配合后,经过过滤或均质,可用 90℃保持 30 分钟杀菌,然后进行冷却。冷却的温度以添加的菌种而定。

(三)生产用发酵剂的制备及添加

将从乳品加工厂或食品添加剂商店购的纯培养物(菌种),配制成混合发酵剂。配制比例为保加利亚杆菌:嗜热链球菌为 1:1,或保加利亚杆菌:乳酸链球菌为 1:4。

1. 制备母发酵剂 取新鲜脱脂乳 100～300 毫升,同样两份加入干热灭菌(150℃,1～2 小时)的容器中,经 120℃,15～25 分钟高压灭菌。然后冷却至 25℃～30℃,用灭菌吸管吸取适量的混合发酵剂(纯培养物),置培养箱中按所需温度进行培养。培养或添加最适温度:保加利亚杆菌为 45℃～50℃,嗜热链球菌为 40℃～50℃,乳酸链球菌为 30℃～35℃。在此温度下,乳凝结时间(小时)相应为 12,12～14,12。待乳凝结后,再移植于另一灭菌脱脂乳中培养。如此反复接种 2～3 次,使发酵剂保持一定的活力。

2. 制备生产用发酵剂 生产用发酵剂又称工作发酵剂。取实际生产酸牛奶（或配合原料）量1%～3%的脱脂乳，装入预先灭菌的发酵容器中，以90℃，30～60分钟灭菌后，冷却至25℃左右，以无菌操作加入制备好的母发酵剂，加入量为上述杀菌脱脂乳量的1%，并充分搅拌，使其混合均匀，然后在所需最适温度下保温，达到所需酸度后，即可冷却或存入冷库中备用。

将生产用发酵剂充分搅拌后，按原料奶1%～3%的数量加入。不能加入未搅拌均匀而留有大凝块的发酵剂，以免影响酸牛奶的质量。

（四）装瓶（或其他容器）发酵

添加（或接种）生产用发酵剂后的配合原料奶，应立即装入经杀菌处理的空瓶或容器中封口，并装入相应的瓶箱中（便于搬运或堆放），送入发酵室进行培养或发酵。

发酵室发酵所需的室温及时间因加入菌种不同而有差异。保加利亚杆菌与嗜热链球菌的混合发酵剂，室温为45℃～46℃，4小时；保加利亚杆菌与乳酸链球菌的混合发酵剂，室温为33℃，10小时，或发酵酸度达120°T时，可立即从发酵室移至冷库冷却。

（五）冷却与出售

冷库冷却温度为0℃～5℃，放置24小时，在冷却过程中，酸奶的温度逐渐降低（冷却至5℃，约需4小时），此间仍有一个持续发酵的过程，并以产生芳香味为主，酸度也有所增加。冷却后仍存于冷库中待出售。

搅拌型酸牛奶经发酵、冷却后，将凝块打碎，再添加果料（10%～30%），并充分混合均匀后装瓶（容器）封口，在温度5℃～10℃下，成熟24小时即成。

九、奶油加工

奶油又叫黄油、白塔油。是奶经分离后所得的稀奶油,经过成熟、搅拌、压炼而成的乳制品,也是青藏高原牧民重要的食品,其主要成分为乳脂肪。加工的工艺流程见图 10-2。

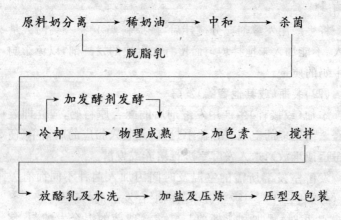

图 10-2　奶油加工工艺流程

(一)原料奶的分离

将加工奶油的原料奶过滤或净化,要求色、香、味、组织状态、脂肪含量及密度正常。用分离机进行分离,要求严格按分离机的说明书操作。通过控制脱脂乳及稀奶油的流量比,来调整稀奶油的含脂率,要求稀奶油含脂率为 30%～35%。乳脂率为 4.4% 的原料奶,分离后脱脂乳:稀奶油约为 86:14;牦牛奶乳脂率高,相应比约为 83:17。

如果分离出的稀奶油量多,即含脂率低,可停止分离,将分离钵上的调节栓向左旋转,调节栓每转 1 周,可调节稀奶油含脂率 4%～5%，否则将调节栓向相反方向旋转。

(二)中　和

如果稀奶油的酸度过高不进行中和就直接进行杀菌，其中的酪蛋白易凝结成块，部分乳脂肪就包在凝块中，搅拌时随酪乳而流失，影响奶油产量；杀菌后微生物虽全部杀死，但因酪蛋白、乳糖含量高，奶油在保存中仍易引起水解，并可促进氧化而不易久存。

稀奶油一般用石灰中和，但生石灰难溶于水，应先将石灰调制成 20% 的石灰乳。稀奶油中的酸主要为乳酸，依乳酸与石灰的化学成分，中和 90 份乳酸需要 37 份石灰。100 千克稀奶油，乳酸度为 0.6%，要中和到 0.25%。需要石灰量为：

100 千克×(0.6－0.25)/100 ＝ 350 克(需要中和的乳酸量)

350×(37/90)＝144 克(中和 350 克乳酸所需加入的生石灰量)

将 144 克生石灰配成 20% 的石灰乳，加入到稀奶油中即可达到中和的目的。加入时应边搅拌边加入。有钙留在奶油中，还增加营养成分。稀奶油的乳酸度在 0.5%(55°T)以下时，可中和到 0.15%(16°T)。0.5% 以上时，中和限度为 0.15%～0.25%。

(三)杀菌及冷却

稀奶油的杀菌是为了杀死病原菌及腐败菌，破坏引起奶油分解、酸败的各种酶，除去稀奶油中的一些易挥发的特殊气味，改善奶油的香味和延长贮存时间。

一般采用 85℃～90℃，1～4 秒的高温短时间杀菌法。如果稀奶油中有饲料味或其他特殊异味，应适当提高温度(一般采用 93℃～95℃)，使异味挥发或减轻。稀奶油如果含有金属味时,要降低温度(75℃,10分钟),以减轻金属味。

牧户或小型加工厂,将稀奶油置于先消毒过的奶桶中,再将奶桶放入热水桶或平底锅内,用火加热或通入蒸汽,达到稀奶油杀菌的目的。

稀奶油经杀菌后,应迅速进行冷却,用于加工甜性奶油时,冷却温度8℃~10℃;用于加工酸性奶油时,冷却到发酵温度30℃左右。

(四)物理成熟

将稀奶油冷却到一定的温度,并保持一定的时间,使脂肪球膜变性,乳脂肪由液态变为固态的过程叫物理成熟。稀奶油物理成熟的最适温度为6℃~8℃,时间8~12小时。

稀奶油在低温下成熟,会使奶油团粒过硬,组织状态不良,且水溶量低,搅拌时间延长。如果成熟度不足,会使团粒过软,油脂损失于酪乳中的数量增加,搅拌时间缩短。供加工酸性奶油用的稀奶油,物理成熟可与发酵同时进行。用牦牛奶加工的奶油色泽良好,一般不需要再加入色素。

为了使奶油色泽一致,当奶油的色泽太淡时,可添加天然的植物色素安那妥(又称奶油黄)。3%的安那妥溶液添加量为稀奶油的0.01%~0.05%,在搅拌前直接加入到搅拌器中。

(五)搅 拌

将成熟好的稀奶油加入奶油搅拌器中,在搅拌器转动的机械冲撞作用下,使脂肪球膜破裂,形成乳脂肪团粒,分离出酪乳的过程称为搅拌。

1. 影响搅拌的因素

(1)稀奶油的温度 夏季8℃~10℃,冬季10℃~14℃。用小型搅拌器搅拌时,温度会自行升高1℃~2℃,所以开始搅拌时温度应低于8℃。

（2）稀奶油的酸度　应控制在 0.32%（35.5°T）以下，以 0.25%（30°T）为最好。

（3）稀奶油的含脂率　一般为 30%～50%，也有认为 32%～40% 为好的。含脂率高，脂肪球的密度大或脂肪球间距离近，易冲撞破坏，脂肪团粒形成快，搅拌时间缩短。但含脂率过高，搅拌中形成脂肪团粒过快，小脂肪球来不及破坏或形成团粒而流入酪乳中，降低奶油产量，同时也因含脂率过高而引起黏性增加，使搅拌时间延长。

2. 搅拌器操作技术　搅拌前应认真清洗、消毒搅拌器，先用温水（50℃）冲洗 2～3 次，除去凝结物，然后加热水（83℃以上）使搅拌器旋转 15～20 分钟，排出热水后加盖待用。每周用 2% 的石灰水消毒 2 次，再用 2% 的碱液清洗 1 次。使用新购的木质搅拌器时，先用冷水浸泡 24 小时，充分浸湿木质除去木质气味，再清洗、消毒后备用。

将成熟后的稀奶油过滤加入搅拌器中，加至搅拌器容量的 1/3～2/3 时，加盖密封并开始旋转，开始时转速要慢，旋转 5 分钟后打开排气孔放气，然后关闭排气孔继续旋转，如此反复进行 2～3 次。转速应按不同型号搅拌器说明操作，旋转要均匀。当从搅拌器上的窥视镜观察到奶油粒达 2～4 毫米大小，并由浑浊变透明时，就可停止搅拌。搅拌时间一般为 20～60 分钟。搅拌结束后先排出酪乳，酪乳经纱布或过滤器过滤，滤出被酪乳带出的脂肪小粒。

（六）奶油团粒的洗涤

为除去奶油团粒表面的酪乳，调整奶油团粒的硬度，改善风味及贮存性，对搅拌结束后的奶油团粒要进行洗涤。先在搅拌器中加入等温 3℃～10℃ 的清水（符合饮用水质要求的冷开水）。加入量为奶油团粒量的 30%，加水后缓慢旋转搅拌器

3～5圈,然后排出水。再加入较奶油团粒温度低1℃～2℃的冷开水,加水量相应为50%,旋转搅拌器8～10圈,再排出水。一般反复2～3次或排出的水呈透明状为止,水温每次递减1℃～2℃。洗涤水温依奶油团粒的软硬、季节或室温来定。

(七)奶油的加盐与压炼

加盐是为了增加奶油的风味及防止腐败。一般成品奶油含盐量为2%(范围1.8%～2.2%)。食盐要符合国家特级或一级标准,加入前将食盐在120℃～130℃干燥箱中焙烘3～5分钟后过筛备用。由于奶油在压炼时有部分食盐流失,因此,添加时按2.5%～3%加入。

压炼是将奶油团粒压成奶油层的过程。在乳品厂中用压炼器,牧区多为手工操作。使奶油团粒压炼成组织致密的奶油层,食盐及水分均匀分布于奶油中。压炼还能调节水分的含量,排出过多的水分或水分不足时添加水。奶油中的水分不得超过16%。

压炼时,先将奶油团粒压榨成奶油层,同时压榨去表面水分,当奶油层的水分达最低时,水分又开始向奶油中渗入。随着水分逐渐的渗入,达到水分压出与渗入速度大致相等。但到压炼末期压不出水分或基本停止,而渗入水分或水分向奶油中分散又加剧,使水分达到标准。在成品奶油中,水分应呈很微小的水滴均匀分布在奶油中,当用木铲压奶油时,不能有水珠从奶油块中流出。

压炼的适宜温度为8℃～13℃,温度过高奶油会软化,难以充分压出水分,成品将变为软糕状。一般应中止压炼,冷却一段时间达适宜温度时再压炼。

(八)包装及贮存

将压炼好的奶油用模具或成品机包装成500克,250克等的小块(包)。包装过程不能用手直接接触奶油,可用木制用具(木刀、木铲、模具)操作。包装材料应选用质地柔软、坚韧、不透气、遮光、无毒、无味的材料,多用硫酸纸、铝纸。包装纸与奶油间不得留有空隙,以防发霉。在包装纸外再套上涂有石蜡的纸盒(杯)。硫酸纸、铝纸用饱和食盐水杀菌。

包装好后应立即送入冷库贮存待售。短期贮存时,温度为5℃左右。贮存半年以上时,温度应在-15℃以下,长期贮存应在-23℃以下。贮存过程中应防止温度升高,奶油融化。

十、干酪素加工

干酪素(藏语称"曲拉")多是脱脂乳中的酪蛋白遇皱胃酶或遇酸后产生的凝结物,经干燥后制成。纯干酪素为白色或淡黄色、无味、非吸湿性物质,比重为 $1.25\sim1.31$。干酪素分为两类:盐酸干酪素和皱胃酶干酪素。做食用或加工面包、糕点、饼干、冰淇淋等的配料及医药工业的原料,在工业上用于胶合剂、造纸、制革、电影胶卷等。盐酸干酪素的加工工艺流程见图10-3。

脱脂乳加热→加酸→酪蛋白凝结→排出乳清与洗涤→脱水→粉碎→干燥→筛选分级→包装

图 10-3　盐酸干酪素加工工艺流程

(一)对脱脂乳的要求及加热

脱脂乳要求新鲜,含脂率不得超过 0.05% (如含脂率高,要再次分离),酸度不超过 $30°T$。将脱脂乳加热至 $34℃\sim35℃$。如果超过 $36℃$,将形成粗大的凝结颗粒,不易洗涤干净,同时含有较多的乳脂肪。低于 $33℃$ 时,酪蛋白凝结不完全,形成软而细的颗粒。加工食用干酪素,要用优质脱脂乳为原料,经 70℃～75℃,10～15 分钟杀菌,温度降到 30℃～35℃时,加入经稀释的盐酸(化学纯)。其余工艺流程及操作相同。

(二)加酸及酪蛋白凝结

取 30%～38%的工业用盐酸 1 份,用 8～10 份水稀释。盐酸的浓度不宜过大,否则会造成酪蛋白迅速凝结成大块,不易分散。加酸要缓慢,边加边搅拌已加热的脱脂乳。加酸量因脱脂乳的酸度及酪蛋白的含量而不同。参考量为 100 千克脱脂乳约加稀释的盐酸(比重为 1.15)600～650 毫升。

在酪蛋白凝结的过程中,可用 pH 试纸检验,当 pH 值达 4.6～4.8 时,暂停加酸,使凝块不断沉淀,这时可以倒出 1/2 的乳清,然后再加酸使 pH 值达 4.2。此时酪蛋白颗粒大小均为米粒的 2 倍,呈松散分布状态。应特别注意加酸不能过量,以免蛋白质溶解。

(三)洗涤及脱水粉碎

加酸后经短时间的搅拌,即将乳清放出,再加入与原脱脂乳等量的温水(25℃～30℃)进行搅拌洗涤。放出洗涤水后,再用半量冷水(8℃～10℃)搅拌洗涤 2 次。然后用布过滤,要防止细小颗粒漏失于乳清中。洗涤用水要符合食用水的要求。水中含铁量不能高于 2 毫克/升,否则会使干酪素变黄;水中硫酸盐也不能过高,否则会使干酪素膨胀。水的硬度不高于 5°,如硬度过高,可进行煮沸或加硫酸软化,并进行过滤。

洗涤后的湿干酪素,含水量可达 80%,为便于干燥,可采用压榨法或离心分离法进行脱水。压榨脱水时,先在框内衬清洁的粗布,然后倒入湿干酪素,并用衬布包裹,将框放在压榨机上进行压榨,约压 9～18 小时,衬布包裹容积比压榨前缩小 1/2 时即结束。

离心分离脱水时,把湿干酪素装入粗布袋中,并放在离心机的悬框中,一次分离可装 20～25 千克,分离机转动时,干酪素所含的水由布袋中渗出,由悬框壁上的孔排出。分离 5～6 分钟即结束,分离后的湿干酪素含水 50％～60％。

脱水后的干酪素呈块状,在干燥时水分难以均匀蒸发,因此,要用直径为 3 毫米的不锈钢筛片机进行粉碎。

(四)干燥、筛选分级和包装

采用日光下晒干或用烘干机烘干,进一步除去干酪素中的水分,使水分达到标准含量(10％～12％)。牦牛脱脂乳每 100 千克一般出干酪素为 6.41 千克。干酪素干燥后还要进行粉碎,要求颗粒越细越好,以便于溶解。使用的筛子一般分成 30 目,60 目,90 目 3 个等级。分等级进行包装,一般用 0.08 毫米聚乙烯袋作为内袋,外面用编织袋包装。

包装后置于干燥、通风良好、温度约为 10℃的贮存室内堆放。贮存室要用 10％～12％氢氧化钠溶液消毒。地面铺木板(距地面不少于 15 厘米),袋堆距墙壁 15 厘米以上。要经常检查,防止干酪素水分升高或受虫害等。

十一、牦牛产区其他乳制品

(一)酥油及酥油茶

酥油是青藏高原牧民的传统乳制品,除食用外,在藏医药中用作赋形剂或制软膏等。在寺院做佛灯燃油,"院院翻经有咒僧,垂帘白日点酥灯"(萨都剌诗)。在酥油中加入各种颜料,可塑造成各种人物及花卉,是青藏高原独特的艺术品(酥油花)。

传统加工方法是将牦牛奶放置 24 小时,待其自然发酵,然后倒入酥油桶内,倒入量为桶容积的一半。酥油桶用木料制成,形状为长圆形,大小不等,一般桶高 80 厘米,直径 20～60 厘米。另有搅拌木棒,下端镶有圆木杵,杵上有 2～4 个孔洞。将搅拌木棒插入酥油桶中,反复上下旋转、搅拌或捣击乳汁,并混入空气产生泡沫,使脂肪球膜破裂,乳脂肪凝结,形成大小不等的奶油团粒并上浮,然后将其捞出。搅拌时间以奶量及搅拌速度而不同。捣击或搅拌速度平均为每分钟 24.2 次(测定 25 人次),每桶捣击次数 2 000～3 000 次,搅拌时间约 1.5～3 小时。捞出的奶油用清水洗去非乳脂物,压捏去水分,制成圆饼或砖形,即成奶油。奶油中乳脂肪含量为 84%～87%,含水 12%～15%。也有将奶油再熬炼去水分,即成酥油。酥油中乳脂肪含量高达 99%,其余为蛋白质 0.1%,乳糖 0.2%,水 0.7%。牧区将奶油也称为酥油。

传统方法费时费力。近年来牧民基本每户购有家庭用手摇牛奶分离机,将鲜牛奶分离成稀奶油和脱脂乳,再将稀奶油加工成奶油。

酥油茶是牧区的传统饮料。将砖茶熬好后,倒入与酥油桶相似的小桶内,加入适量的酥油、食盐,也加入核桃仁、碎果仁等,然后用搅拌木棒反复搅拌,使酥油与茶水充分混合(或均质化)为止,现在不少喜饮酥油茶的家庭用搅拌器(家用电器)加工酥油茶。另外,将面粉在锅中炒至微黄色,加入等量或适量熔化的酥油及少量果仁、芝麻、花生仁、红枣等拌和,用开水或茶水冲拌成稀糊状,加盐或蔗糖而成油茶。

(二)奶茶及酥油糌粑

奶茶是牧民的日常饮料,将砖茶煮好后,加入约 20% 的鲜奶煮沸或不煮沸即饮用,也有加入少量食盐后饮用的,具有茶及奶的香味。

酥油糌粑是青藏高原特有的食品。用奶茶将碗中的酥油熔化,喝去部分奶茶后,加入糌粑(一般是炒熟的青稞粉碎而成的粗面粉),拌匀并捏成面团食用,也可加盐或加糖后食用。

（三）奶 饼

一般将全乳加热,缓慢加入酸奶并搅拌,使全乳中的酪蛋白凝结成块,捞出凝块,捏成饼状,同时除去水分(乳清)即成奶饼。食用时拌入稀奶油(或取全乳所制的酸奶中乳脂肪上浮较多的表层)、蔗糖。其味香甜、微酸,多作为待客的点心。

（四）奶 皮 子

西藏称牛奶干,将全奶过滤后倒入锅中,先用旺火加热至近沸腾时,将火减弱并用勺不断翻扬,保持其不沸腾和表面不结皮,使奶中的水分加快蒸发或浓缩,并破坏乳脂肪球膜,使奶脂肪聚集。经过一段时间后,在奶表面形成密集的泡沫,这时将锅提离火源,置于阴凉处冷却,经过 10～12 小时后,乳脂肪不断上浮,奶表面水分蒸发而形成 1 层厚奶皮。然后用刀沿锅边将奶皮剥离并揭起,出锅的奶皮可折成半圆形(内蒙古)或切成条状(西藏当雄县出售的近似腐竹条状)。再晾 1～2天,使水分蒸发,便扎捆包装出售或贮存。

奶皮子色泽淡黄,厚约 1 厘米,切条宽约 1.5 厘米。奶皮子不仅乳脂肪含量高,而且含有部分蛋白质及乳糖,营养价值高。多用做早点,切成小块放入奶茶或热牛奶中食用,也可以放在炉边烤后食用。

第十一章　牦牛常见病的防治

一、搞好定期消毒工作

定期消毒棚圈、设备及用具等,特别是棚圈空出后的消毒,能消灭散布在棚圈内的微生物(或称病原体),切断传染途径,使环境保持清洁,预防疾病的发生,以保证牛群的安全。

(一)常用的化学消毒剂

1. **生石灰**　将生石灰加水而成粉末(1 千克生石灰加水约 350 毫升),可撒在潮湿的地面消毒,消毒作用约保持 6 小时。直接将生石灰粉末撒在干燥的地面上,不产生消毒作用。也可将生石灰加少量的水制成熟石灰,然后加水配成 10%～20%的混悬液,称为石灰乳。用石灰乳消毒牛舍、棚圈、地面或粪尿沟、刷墙等,消毒作用很强,能杀死细菌,但不能杀灭芽胞。熟石灰存放日久,吸收空气中的二氧化碳变成碳酸钙,则失去消毒作用。因此,用熟石灰时要现用现配。

2. **草木灰**　干的草木灰消毒作用低,常配成草木灰水使用,草木灰 20 千克,加水 100 千克,煮沸 20～30 分钟,边煮边搅拌。如草木灰容积大,可分两次煮,去渣后用其清液消毒棚圈、牛舍与地面。

3. **烧碱(氢氧化钠、苛性钠)**　烧碱对细菌或病毒均能杀死,一般配制成 1%～2%热水溶液,用以消毒被口蹄疫、巴氏杆菌等污染的棚圈、牛舍、地面和用具。在同样浓度的热水溶液中,加入 5%～10%的食盐时,可增强对炭疽杆菌的杀灭效力。对皮肤和黏膜有刺激性,消毒牛舍时要将牛放出去,隔半天后用清水冲洗饲槽、地面,再放进牛只。

4. 克辽林（臭药水） 为油状黑褐色的液体,杀菌力不强。配制成 3%～5% 的溶液喷洒,常用于环境卫生消毒。

5. 福尔马林（40% 的甲醛溶液） 具有很强的消毒和防腐作用,蒸发较快,刺激性气味很浓。如放置日久,因析出多聚甲醛,使溶液变为浑浊。0.8% 的甲醛溶液可用于器械消毒。因蒸发较快,只有表面的消毒作用,与物体表面接触一些时间才会有效,在高温环境下消毒的效果较好。1% 的溶液可做牛体体表的消毒。还可与高锰酸钾溶液混合熏蒸（雾）消毒。

6. 其他消毒剂

(1)漂白粉 用 1%～2% 的溶液消毒非金属器具及饲槽;按 10 克/平方米加入井、泉水中消毒饮水,充分搅拌,待数日后方可饮用。

(2)碘酊（碘酒） 为 2%～5% 碘的酒精溶液,用于皮肤消毒。

(3)新洁尔灭 0.1% 溶液用于皮肤、器械浸泡消毒,0.01%～0.05% 溶液,用于冲洗黏膜。

(4)石炭酸（苯酚） 1% 溶液用于局部涂擦,3%～5% 溶液用于喷雾或浸泡用具、器械、牛舍及排泄物的消毒。

(二)消毒方法

1. 蒸煮法 将金属器械、木质和玻璃用具、衣物等煮不坏的被污染物品,放入锅中,加水浸泡,将水煮沸并保持 15～30 分钟,可杀灭大多数病原微生物及芽孢。煮沸 1～2 小时,可杀死所有病原微生物。在锅上置蒸笼,在蒸笼中放入拟消毒的东西,进行蒸汽消毒,与煮沸消毒的效果相近。

2. 浸泡法 主要用于器械、用具及衣物等的消毒方法。

一般先洗涤干净后再用药液浸泡。药液要浸过物件,一般浸泡水温高些,时间长些,消毒效果好。

3. **喷洒法** 牛舍地面及墙裙、舍内的固定设备等,先铲、刮、清扫或洗刷,清除污物的同时许多病原微生物也被清除,经通风晾干后,用细眼喷壶喷洒药液,或用喷雾器对牛舍空间消毒。喷洒要认真、全面,使药液喷洒到舍内的各个角落或各处。

4. **熏蒸法** 一般用福尔马林加高锰酸钾消毒牛舍,40%的甲醛溶液按1平方米用18~36毫升,与高锰酸钾液5∶3比例混合。先将高锰酸钾倒入比福尔马林容积大10倍、能耐高温的容器中,然后再加入福尔马林液,两者相互发生作用,即产生甲醛气。熏蒸牛舍或房屋时,门窗要关严,缝隙及有洞处要糊严,消毒至少要密闭12小时以上,经驱散消毒气体后才能进牛只。操作人员要尽量避免吸入这种气体。此外,将牛舍内剩余草料等易燃物要移开,切勿靠近药品产生化学反应的地方,以防止火灾。熏蒸法所产生的消毒气体无孔不入,且无损房屋,消毒效果好。用费也便宜,驱散消毒后的气体也较简便。

二、牦牛疫病的一般防制措施

为减少或杜绝疫病的发生和流行,应积极贯彻"预防为主"的方针。疫病的发生和流行因素较多,但主要是由传染源、传播途径和易感染家畜相互联系而形成的。因此,主要采取查明和消灭传染源、切断传播途径、提高牦牛(家畜)抵抗力等综合措施进行防制。

(一)加强饲养管理及定期防疫注射(免疫接种),提高牛体的抵抗力

牛只发病与牛体自身的抵抗力密切相关,加强饲养或放牧,使牛只体质健壮,可提高牦牛对各种疾病的抵抗力。还要经常注意饲料、饮水的卫生,牛舍的防寒保暖和透光通气,牛舍、用具定期消毒,环境保持清洁卫生,人员出入牛舍、棚圈要经消毒池消毒,一般要谢绝参观等。

定期进行防疫注射,接种相关疫(菌)苗,可以提高牦牛对相应疫病的抵抗力。注射何种疫(菌)苗,由畜牧兽医部门依当地疫病的种类、发生季节和规律、流行情况等决定的,应积极配合当地畜牧兽医部门定期进行防疫注射。

牛或牦牛常用的几种疫苗见表11-1。

表11-1　牛或牦牛用的几种疫(菌)苗

疫(菌)苗名称	用法和用量(毫升/头)	免疫期
无荚膜炭疽芽胞苗	颈部皮下注射,1岁以下牛0.5,1岁以上牛1	1年
第二号炭疽芽胞苗	颈部皮下注射,无论大小牛只均为1	1年
牛出血性败血病疫苗	肌内或皮下注射,活重100千克以下牛为4,活重100千克以上的牛为6	9个月
布氏杆菌羊型5号弱毒冻干苗	皮下或肌内注射,每头牛250亿活菌,牛群舍内气雾免疫为250亿活菌/头,防疫人员要做好自身的事先防护,避免感染或过敏	1年

疫(菌)苗名称	用法和用量(毫升/头)	免疫期
口蹄疫弱毒疫苗	皮下或肌内注射,1～2岁牛1,2岁以上牛2,1岁以下牛不注射,本品分型只能预防同型病毒,各型不能交互免疫	4～6个月
牛瘟兔化绵羊化弱毒苗	肌内注射1次,临产前1月及产后未康复、乏弱及未满6月龄的牦牛、犏牛禁用	1年
牛肺疫兔化藏系绵羊化弱毒冻干苗	用20%铝胶生理盐水作1:100稀释,臀部肌内注射,2岁以下牛1,成年牛2,大规模预防注射前,先用100～200头牛作安全试验	1年
牛副伤寒氢氧化铝灭活疫苗	肌内注射,1岁以下牛1～2,1岁以上牛第一次2,10天后同剂量再注射1次	6个月

(二)建立牛群的检疫制度及发生疫病后要搞好封锁,防止疫病传播

育肥场或牧户从外地购进(引进)牛只时,必需做好疫情的调查,了解原产地发生过何种疫病,并要征求业务部门的意见,确定安全后方可购入。购入的牛只必需经过检疫和健康检查,必要时要隔离观察,确认无病后才能进入育肥牛舍合群饲养。

根据当地的疫情或业务部门的检疫计划,每年要对牛群进行有计划的检疫,及时检查出病牛,隔离治疗或按业务部门的意见处理。确认发生疫病后,及时向业务部门报告疫病的发

生情况(病名、发生时间、数量、症状等)。迅速消毒和隔离病牛,防止传染给其他健康牛只。对病牛要抓紧治疗,以消灭和控制传染源。隔离病牛的场所要较偏僻,不能靠近公路、水源等,要专人看管,严禁人、畜入内。粪便、死牛要深埋、焚烧或无害化处理。

疫病发生后,主管部门对疫源地区要进行封锁并及时采取相应的紧急措施,应严格遵守封锁的有关规定,如不得出售牛只或畜产品,不得将牛群赶到非疫区(安全区)避疫等,防止疫病向非疫区扩散。

(三)搞好消毒工作,消灭病原体

所有与病牛接触过的棚圈、用具、垫草等,均用强消毒剂消毒。垫草、粪便要焚烧或深埋,牛舍用甲醛气熏蒸。严重污染地区最好将牛舍地面、圈地或运动场上的表层土铲去10～15厘米,并彻底消毒。牛舍的用具可移到舍外在日光下曝晒3小时以上。

三、牦牛传染病的防治

(一)牦牛布鲁氏菌病

藏语称为"曲纳",是由布鲁氏菌引起的一种慢性人畜共患的传染病,简称"布病"。能引起生殖器管、胎膜及多种组织发炎、坏死。以流产、不育、睾丸炎为主要特征。牦牛、羊、犬、马鹿、旱獭及灰尾兔等均可感染此病。

被感染的牦牛,特别是妊娠牛分娩或流产后,布鲁氏菌随胎儿、胎衣、胎水、乳汁排出。传染途径有:被污染的饲料、饮水被健康牛只食入,经消化道感染;病牛和健康牛接触可经皮肤和黏膜感染;公、母牛交配感染;被该病原菌污染的物体及吸血昆虫也是扩大再感染的主要媒介。

母牛感染后除流产外,一般没有全身性的特异症状,流产多发生在妊娠后期(第五至第七个月)。公牛患布病后出现睾丸炎或附睾炎。犊牛感染后一般无症状。为控制布病的流行,各级政府很重视防制工作,甘肃省从上世纪 60 年代就采取以防疫注射为主,检疫、隔离和扑杀相结合的综合性防制措施。1973～1978 年甘肃省兽医总站布病组对某马场牦牛用布氏羊型 5 号苗进行气雾免疫 4 次,1978 年检疫牦牛感染率由免疫前的 25.2%(1973 年)下降到 6.7%。

布鲁氏菌病和结核病,是人、畜共患而且能相互传染的慢性病,简称"两病",是国家规定的重点检疫和防治对象。人患"两病"后,可反复发作,经久不愈,严重者丧失劳动能力。牦牛饲牧人员要加强自身的防护,特别是牦牛发情、配种、产犊季节,要搞好消毒和防疫卫生工作。

(二)牦牛结核病

该病是人、畜和禽类共患的慢性传染病。患病牛逐渐消瘦,在肺或其他组织器官内形成干酪样结节。本病分牛型、人型和禽型 3 种,其中牛型、禽型可感染人。牛型菌是牛结核病的主要病原。病牛初期症状不明显,活重逐渐下降,黏膜贫血,咳嗽,发热,病情逐渐加重,病程可达数年。由于发病程度和器官(肺、乳房、肠、淋巴、生殖器官和脑等结核)不同,症状也不同。据报道,西藏山南地区被检牦牛 1 749 头,阳性率为 12.69%;1982 年王积录等在某矿区牧场检疫牦牛 102 头,阳性率为 6.86%(其中多为 6 岁以上牦牛)。

患结核病的人、牛、禽都是该病的传染源。患病个体的粪便、乳汁及气管分泌物等造成的污染,通过呼吸道或消化道传染。生殖道结核病牛,可经交配传染,患病母牦牛可经胎盘感染胎儿。

应加强定期检疫,对检出的病牛要严格隔离或淘汰。若发现为开放性结核病牛时,要进行扑杀。除检疫外,为防止传染,要做好消毒工作。积极培育健康犊牛,是防止结核病的重要措施。犊牛出生后进行体表消毒,与病牛隔离喂养或人工喂健康母牦牛的奶,断奶时及断奶后3～6个月检疫是阴性者,并入健康牛群。此外对受威胁的犊牛可进行卡介苗接种,一般在1月龄,胸部皮下注射50～100毫升。免疫期12～18个月。治疗结核病的药物较多,除个别在牦牛选育中有价值的种牦牛外,一般不用药物治疗。

(三)牦牛巴氏杆菌病

藏语称"格赫",是一种急性、热性传染性疾病,以高温、肺炎、急性胃肠炎及内脏器官广泛出血为特征,故又称为牦牛出血性败血症,简称"牛出败"。是世界各地危害养牛业最严重的疫病之一。多为散发性和地方流行性,全年均可发生。1岁以上牦牛发病较多,分为急性败血型、浮肿型(或称水肿型)、肺炎型。据报道,牦牛巴氏杆菌病以浮肿型为最多,颌下及咽喉部肿胀,头颈及垂皮水肿,重者肛门、生殖器及腿等部位水肿,指压有痕迹。口腔黏膜、舌部红肿,呼吸及吞咽困难,流泪,流涎。病牛往往因窒息而死,病程为12～36小时。有些发病很急的牦牛,当天下午还放牧采食,未出现症状,次日早晨已死亡。急性败血型病开始时体温升高至41℃～42℃,无食欲和反刍,呼吸困难,鼻孔流出血样泡沫,腹泻,初为粥状,后为液体,混有血液并恶臭,一般在24小时内因虚脱而死亡。

据陈仲杨等报道(1985),在元月份发病牦牛189头,死亡101头。病牛口吐白沫,鼻流白泡,行走中突然倒地死亡。下颌水肿,切开时流出黄色浆液。幸存的88头牦牛注射青霉素后再无死亡。对病死牛挖坑深埋，威胁区的健康牛只进行牛出败疫苗紧急注射。也有报道西藏那曲县、云南香格里拉县、四川白玉县等地发现被狼咬的牦牛发病或流行，并从狼的口腔或腮腺中分离出菌珠（病原菌），认为狼是牦牛出败病的传染源之一。据孙德福报道（1982），1981～1982年先后有4个牧业单位的牦牛群发病。其中1个牦牛群的37头青年牦牛发病，没有来得及治疗全部死亡。其他牦牛群的25头牦牛（其中6头体温40℃以上）先用多价出败血清、后用四环素治疗，24小时后体温恢复正常；其余发病牦牛经治疗，基本恢复健康。

早期发现该病除隔离、消毒和尸体深埋处理外，可用抗巴氏杆菌病血清或选用抗生素及磺胺类药物治疗。病牛的排泄物、分泌物、组织器官等均为传染源，污染饲料、牧草、饮水及用具等可经消化道感染，飞沫经呼吸道而感染，也可经黏膜、皮肤伤口或蚊蝇叮咬感染。天气寒冷或变化大、棚圈潮湿、牛只过度疲劳、饥饿及乏弱等因素可降低牛只的抵抗力，病菌会侵入牛体而发病。牦牛最易感染，犏牛次之。

（四）牦牛传染性胸膜肺炎

该病又称牛肺疫，甘肃天祝藏族牧民称之为"隆"。是严重危害牦牛的接触性传染病，主要侵害牦牛的胸膜和肺，发生纤维性肺炎和胸膜炎。病初只表现干咳，流脓性鼻液，采食及反刍减少。以后随病程发展，牛日益消瘦，呼吸困难，牦牛发出"吭、吭"声，颈、胸、腹下发生水肿，约1周死亡。

该病在我国牦牛产区流行很久，是危害牦牛业的主要传染病之一。1954～1958年，西北畜牧兽医学院、农业部甘肃牦牛牛肺疫菌苗研究组等教学、科研单位在甘肃省甘南藏族自治州夏河县共检牦牛8 485头，检出阳性可疑牛148头，感染率为1.74%。卢光珍等报道，1976～1979年，西藏牛肺疫平均发病率为 1.88%,致死率为 17.27%。徐存良等报道,新疆巴音郭楞蒙古自治州和静县某乡 1985 年 8 月发生牛肺疫,死亡 68 头。其原因是发病牛群两年没有注射牛肺疫疫苗。同一牧场饲养的另 5 户牧民的牦牛(300 多头)因连续 3 年注射牛肺疫疫苗,无 1 头发病。

(五)牦牛副伤寒

该病是由沙门氏菌属细菌引起的一种传染病。是牦牛产区较常见的传染病之一。主要侵害犊牛,以 15~60 日龄的犊牛发病较多。临床症状较杂,一般病初时体温升高(达 40℃～41℃),呼吸急促,咳嗽或表现肺炎症状,流浆性鼻液,后变为黄白色的黏性鼻液。哺乳次数减少,采食毛或泥土。眼红并肿胀,流泪。病重时肛门红肿并排稀粪,呈白色或混有未消化的乳块。发病 1 个月未死亡者往往失明。据报道,甘肃省甘南藏族自治州碌曲县 1973 年 4 个公社、临潭县部分公社发病犊牛 5 936 头,死亡 1 579 头,致死率 26.6%;1977 年天祝县某牧场发病 406 头,死亡 97 头,致死率 22.66%;西藏 25 个县在 1976~1979 年平均发病率 5.15%,致死率为 26.1%;邓传鸿等报道(1983),青海省某牧场发病率 10.5%,致死率 55.6%,多发生在 1~3 岁的牦牛,该场 18 名牧工由于食用病牛肉而引起中毒。

牛副伤寒发生和流行,主要是冷季无补饲,牛只乏弱,产犊后泌乳少或挤奶多,牛犊哺乳不足,特别是未能哺足初乳,造成营养不良或抵抗力弱。犊牛拴系时间过久,圈地粪便多而卫生差。以及天气寒热突变,连日雨雪而容易感染发病。病牛粪便、奶等排出物,污染饲料及水源,经消化道感染健康牛。因此,除改进放牧、补饲外,要给犊牛留足母乳或适当掌握挤奶量,将带犊母牦牛群 6~8 月份放牧于干燥、凉爽的草地。发现病牛要隔离治疗。发病初期用青霉素、链霉素注射,配合使用氯霉素,可收到一定治疗效果。

预防注射牛副伤寒氢氧化铝灭活疫苗。

(六)牦牛传染性角膜结膜炎

俗称"红眼病",由多种病原微生物感染引起,其中以牛摩拉氏杆菌为主要病原。牛只直接接触感染,蚊蝇也起传染媒介的作用。牦牛产区普遍存在该病,以1岁左右牦牛及白眼圈的白牦牛易感染,犏牛发病较少。病牛眼睑红肿,流泪怕光,眼角沉积或流出黄色分泌物。眼角膜出现云翳、白斑,甚至病眼溃烂,失明。放牧中行进采食不便,往往从山坡上滚下摔伤或死亡。1958年8月甘肃省天祝县抓喜秀龙草原突然流行本病,发病率达28.91%。对病牛隔离并及时治疗。用等份的三砂(硼砂、碱砂和朱砂)混合研成细粉,用竹管吹入病牛眼内;用食盐水或2%～5%的硼酸水喷或用棉球擦洗病牛眼,用黄降汞或其他眼药治疗,有较好的效果。

(七)牦牛嗜皮菌病

甘肃藏族牧民称之为"刺"。病原为刚果嗜皮菌,是人、畜共患的皮肤传染病。甘肃省甘南藏族自治州牦牛每年多在6～9月份发病,以牦牛犊发病率较高。患牛体表多部位(头、耳、颈、背、腰、胸、体侧、两前肢内侧)皮肤上有大小不一的结节,呈灰褐色或黄白色。逐渐形成大小不一的、表面粗糙的痂块。被毛脱落,痂块裸露。胸部因被长毛覆盖而不易发现。病牛体质瘦弱,被毛粗乱,无其他病侵袭时,很少死亡。

本病主要经接触病牛或被污染物而感染。各种家畜、野生动物及人均可感染。周劲松报道(1987),某牛场九班的1～4月龄牦牛犊发病106头,治愈104头,治愈率98.1%;成年牦牛179头,发病12头全部治愈;犏牛犊15头,发病1头并治愈。

发现病牛隔离治疗。患部剪毛后用软肥皂水洗刷,然后涂擦热硫黄石灰水或涂硫黄植物油。也可用5%的灰黄霉素液体石蜡合剂涂擦,每天1次,一般7天可治愈。

(八)牦牛犊大肠杆菌病

本病也称犊牛白痢。是由致病性大肠杆菌引起的犊牛的一种急性肠道传染病,多发生在1~4日龄的犊牛,主要症状为体温升高(40℃以上),不哺乳,剧烈腹泻,排出乳白色或灰白色的粪便并混有白块、气泡等,如不及时治疗,排粪失禁,1~3天脱水而死亡。据报道,本病为牦牛产区牦牛犊多发病,1月龄内犊牛发病的占总发病头数的79.8%,1月龄以上仅占20.2%;1978年甘肃省天祝藏族自治县柏林牧场黑土沟生产队的犊牛120头,发病108头,发病率90%,死亡12头,致死率11.11%。根据甘肃农业大学的调查,主要是犊牛无棚圈,露天卧息,哺初乳不足或因饥饿而一次哺乳过多及受风寒。妊娠母牦牛体弱,冷季无补饲或营养缺乏,影响到胎儿的发育,致使初生犊牛体弱,抗病力低。加强犊牛的护理,让犊牛吃足初乳,哺乳前擦洗母牦牛乳房,防止病从口入,或配制高锰酸钾水(1:1000)供犊牛饮用。对病犊牛要尽量早治疗。张邦杰等(1961)用呋喃西林2片(每片含呋喃西林50毫克)、人工盐5克加水口服,每日1次;王洪永等(1982~1985)用复方新诺明、乳酸菌素、食母生联合治疗,治愈率达98.3%。西藏昌都地区畜牧兽医站(1981)用复方黄连治疗,疗效较好。还可用呋喃唑酮(痢特灵,片剂或粉剂)每千克活重5~10毫克/日,分2次口服,也可肌内注射氯霉素。

(九)牦牛牛瘟

藏语称之为"高儿"。是由牛瘟病毒引起的一种急性、败血性，以黏膜的炎性、坏死性病变为特征的传染病。历史上或解放以前在牦牛产区牛瘟多次大流行，一些地区牛只死亡损失惊人。1928～1941年青海省、甘肃省、四川省牛瘟流行，死亡牛只达100余万头。解放后，国家和各级政府组织畜牧兽医教学、科研院校及各地畜牧兽医人员，参加牛瘟的防治及研究工作，并研制出牛瘟兔化绵羊化弱毒苗，经过多年预防注射，控制或消灭了牛瘟。1955年以后再无牦牛牛瘟报告。

(十)牦牛口蹄疫

藏语称为"卡查"。是由口蹄疫病毒引起的一种偶蹄兽的急性、热性、高度接触性传染病。牦牛易感染口蹄疫，主要症状为口腔黏膜、蹄和乳房皮肤发生水泡或溃烂。由于最常见于口腔或蹄部，因此称为口蹄疫。猪、绵羊、山羊、骆驼，甚至黄羊、野猪、鹿等都会感染。

我国牦牛产区历史上曾多次流行口蹄疫。在对疫区隔离、封锁不严时，会迅速向四面八方传播。病牛和健康牛同舍或放牧接触传染，并通过各种媒介物间接传染。解放后，由于各级政府的重视，对口蹄疫采取一系列防制措施；严格检疫，坚持免疫接种，科学合理地使用疫苗（即依病毒型，注射相应的疫苗）等，控制了该病的流行。

(十一)牦牛炭疽

炭疽是由炭疽杆菌引起的一种急性、热性、败血性传染病。人和家畜及各种动物均可感染或患病。病牛主要症状为：呼吸困难，行走摇摆或昏迷卧地等。最急性的数小时死亡。病死牛腹部膨胀，尸僵不全，天然孔出血且血凝不良。牦牛产区历史上就有本病，呈地方性流行或散发。一年四季均可发生。

病牛是本病的主要传染源。牛采食被病牛排泄物污染的饲料、饮水、草原牧草后经消化道感染；当病牛的尸体处理不当时或炭疽杆菌形成抵抗力极强的芽胞时,污染草地、土壤及水源等,成为长久的疫源地。牛吸入带芽胞的灰尘或被带菌的吸血昆虫叮咬,均可感染。牦牛产区的老牧民,对炭疽病的危害有一定的认识,知道能传染给人,对病牛进行深埋,不剥皮,更不食用。接触病牛的人员要严格消毒。尽管这样,饲牧人员、屠宰人员及经营牦牛皮、毛等畜产品的人员要特别注意卫生保健及防范。

多年来,牦牛产区有计划、有目的地预防注射炭疽芽胞苗,取得良好的效果。由过去的地方性流行转为局部地区零星散发。发生疫情时,要严格封锁,控制隔离病牛,专人管理,严格搞好排泄物的处理及消毒工作,病牛可用抗炭疽血清或青霉素、四环素等药物治疗。

四、牦牛寄生虫病的防治

(一)牦牛体表寄生虫(牛虱、蠕形蚤等)

牦牛体表寄生虫主要有牛虱(吸血虱、食毛虱),在牦牛被毛密长的冷季较多,剪毛后显著减少。通过牛只相互接触而感染。据李有善报道(1986),青海省互助土族自治县牦牛牛腭虱(吸血)感染率为 25.8%,毛虱为 50.5%;蠕形蚤(藏语叫"布卡",天祝牧民叫"雪疙蚤"),是一种吸血寄生虫,引起牛只皮肤发痒或发炎,成虫在地面产卵,夏季孵出幼虫,发育成蛹后再变为成虫。青海互助县牦牛感染率为 9.5%;此外还有蜱,又叫壁虱,种类多,叮咬吸血,传播疾病。

牦牛体表寄生虫可用 0.5%～1% 的敌百虫溶液或0.05%蝇毒磷、灭虱灵、灭蚤粉、舒利宝等药浴或用药淋装置(如新旋 8 型)喷淋,也可用灭虱灵、灭蚤粉、百部水喷洒。避开在上述寄生虫出现较多的地区放牧,冷季牦牛进入棚圈(舍)时可对其地面喷洒药物,以防受侵袭。

（二）牦牛螨（疥癣）病

藏语称为"哦",俗称为"癞"。是由牛疥螨、痒螨寄生于体表而引起的。患病牦牛表现剧痒,啃咬患部,使患部出现炎症并结痂皮、脱毛、皮肤增厚等,严重时可蔓延至全身。患牛消瘦甚至乏弱死亡。一般经直接接触传染,发病多在冷季。据报道,甘肃省甘南藏族自治州碌曲县 1984 年牦牛发病率为 7%,死亡率为 1.05%。据宋远军等报道(1988)四川省红原县安曲牧场牛螨病对 1～2 岁牦牛危害极为突出。多杰才旦报道(1985)青海省久治县某公社 1981～1983 年感染牦牛达 5 554头,多为 1～2 岁牦牛,最后死亡 363 头。

发现病牛要及时隔离治疗,对棚圈、工具进行消毒。用蝇毒灵、螨净、敌杀死、羊癣灵等药物涂擦患部或喷洒、药淋。宋远军等用 0.03% 羊癣灵涂擦,治愈率达 100%。

（三）牦牛肝片形吸虫病

肝片形吸虫病也称肝蛭病,藏语称为"青勃"。由肝片形吸虫或巨片形吸虫寄生于牦牛等动物肝脏及胆管中引起的一种常见寄生虫病。人也能感染。患病牛出现急性或慢性肝炎、胆管炎,消化紊乱或营养障碍,腹泻、消瘦、下颌及胸下水肿,常因乏弱而致死。牦牛感染率 20%～50%,感染强度 1～100条。甘肃省甘南藏族自治州玛曲县从一头牦牛肝脏胆管中检出虫体 430 条。

病牛或带虫牛从粪便排出的卵,在水草滩或沼泽地及水沟、水池中孵出毛蚴,钻入椎实螺的体内(中间宿主)发育成有感染力的尾蚴,后离开螺体,附着于水草上形成囊蚴,被牛、羊等采食后感染,在牛体内经 3～4 个月发育成能产卵的成虫。

据邓世全等报道(1980),中间宿主椎实螺 4~9 月份在浅水区生活,1 年内产卵 2 次,分别为 5~6 月份和 7~8 月份,1个卵袋中有卵 16~22 个,经 18~27 天孵出幼螺,自然干燥条件下只能生存 58 小时左右。11 月底移入深水区,并钻入 10~40 厘米的沙土中越冬。甘肃省甘南藏族自治州用贝螺杀或血防 67 在沼泽地喷洒灭螺,高效、低毒、安全。

对牦牛、羊等定期驱虫,感染严重的地区可 1 年多次,一般 1 年 1~2 次。第一次在秋末冬初为好。用丙硫苯咪唑(牦牛每 1 千克活重 30 毫克,1 次口服)、蛭得净、肝蛭净等药物。

（四）牛皮蝇蛆病

藏语称为"斗",农区俗称"蹦虫"。由皮蝇属牛皮蝇、纹皮蝇、中华皮蝇的幼虫寄生于牦牛背部皮下引起的危害严重的一种蝇蛆病。在牦牛产区流行较广。个别地方发现寄生于人体的病例。暖季晴天成蝇交配后,飞到牛体产卵,6~7 天孵出第一期幼虫,沿毛孔钻入牛皮内,约经 2.5 个月幼虫移至牛背部皮下寄生,使牛皮肤表面形成能触摸到的瘤状隆起或称疱,经 2 个多月发育后再由皮孔中蹦出落地,入地或粪中变成蛹。经 1~2 个月羽化成成蝇。宋远军等对四川省红原县牛皮蝇蛆的季节动态调查(1988),建议 7~9 月中旬是杀灭成蝇产卵及幼虫的适期,2~4 月份为治疗适期。

据甘肃省甘南藏族自治州畜牧兽医研究所的调查,碌曲、玛曲、夏河等县的牛皮半成品 203 张,每张皮损害面积 0.22 平方米,占全皮面积的 16.18%。患牛除皮肤穿孔外,严重感染时,幼牦牛生长缓慢、贫血,成年牦牛活重或产奶量下降。放牧牛只因皮蝇骚扰、躁动不安,影响采食或卧息反刍。

在本病流行地区,可在成蝇产卵期间,每半月用 1%~2% 的敌百虫水溶液涂擦牛体,因牦牛对敌百虫较为敏感,每头用量不得超过 300 毫升。青海、甘肃等省用倍硫磷(5～9 毫克/千克活重)肌内注射。1975 年甘肃省夏河县防治 15 万头，疗效为 63%～98%。

(五)牦牛脑包虫病

牦牛脑包虫病是由寄生于狗、狼、狐等体内的多头绦虫的幼虫多头蚴寄生于牛、羊的脑部而引起的，故又称多头蚴病。藏语称为"杂洛"，农区称为"转圈病"，天祝牧民称为"团巴"。主要侵害 1～2 岁的幼牦牛及羊。

狗、狼、狐等多头绦虫的孕卵节片随粪便排出，被释放出虫卵污染草地、饲料及饮水后，牦牛经消化道而感染，在牛胃肠中脱出六钩蚴，进入血管后再移至脑部(牦牛多在大脑额骨区或颞顶区)，经 2～3 个月后发育成多头蚴。屠宰牛、羊的头(脑)喂狗或抛在草地上的牛头被狼等吃后即被感染。因此，狗感染多头绦虫，是本病流行的主要因素。

牦牛患病初期食欲减少、呆立、半跪或跌倒。由于寄生于脑的部位不同，有的牛垂头直行(跑)，离群不归；有的牛侧转圈，反射迟钝，对侧视觉被破坏，角膜浑浊。虫体越大，转圈半径越小。后期病区头骨变软。

患牛可用吡喹酮治疗。后期用手术摘除效果好。防制主要是针对最终宿主狗，定期驱虫(每年 4 次)，狗粪收集深埋或焚烧，不许狗进牧场或棚圈，扑杀在草原上乱跑的无主狗，以免污染。严禁将牛屠宰后的遗弃物喂狗或乱丢。

(六)牦牛棘球蚴病

本病由寄生于狗肠道内的细粒棘球绦虫的幼虫棘球蚴寄生于牦牛肝、肺上引起的。又称为牦牛包虫病。流行较广，对牧区家畜危害严重，人也可感染。感染细粒棘球绦虫的狗、狼、狐、猫、旱獭等食肉动物，从粪便中排出孕卵节片，内有虫卵污染草地、水源等,被牛、羊、猪采食后感染,由消化道进入血管转移至肝、肺脏中寄生。狗如吃了病牛带棘球蚴的肝、肺等脏器,经2.5~3个月发育为成虫。

据报道,甘肃省甘南藏族自治州1980年感染率为5.94%,天祝县1988年感染率为23.2%。青海省黄南藏族自治州感染率为72.1%(闫启礼,1983),四川省感染率为88.84%(钟光辉,1984)。

病牛随肝、肺脏内棘球蚴的长大,出现消瘦、反刍无力、臌气,有的出现黄疸或喘气、咳嗽,严重者因乏弱、窒息而死亡。

由于寄生在肝脏、肺脏的深处,兽医临床诊断、治疗会受一些条件的限制。主要防制的措施是对狗驱虫,消灭草原上乱跑的无主狗,加强牛、羊的屠宰管理,寄生棘球蚴的肝脏、肺脏要深埋或焚烧,严禁喂狗。

(七)牦牛肺线虫病

藏语称为"罗勃"。由胎生网尾线虫寄生于牦牛的气管、支气管内而引起,故又称网尾线虫病。主要危害犊牛。

成虫在牛气管、支气管中产卵,虫卵随痰液到口腔,被牛吞咽入消化道内孵出幼虫,并随粪便排到体外或地面,经过两次蜕皮后变成感染性幼虫。牦牛采食或饮水后被感染,幼虫经过肠壁进入淋巴管或血管,再移行至心、肺至气管和支气管。边移行边发育。侵入犊牛体内约1个月发育为成虫。黄凤英等报道(1983)云南省香格里拉县牦牛感染率为3.96%,感染强度为15.3条。甘肃省夏河县牦牛1956年感染率为10%,感染强度为22.5条。

病牛主要症状为咳嗽、气喘或呼吸困难、流黄色脓性鼻涕,干燥后形成痂块,食欲减退,消瘦或贫血,多在冷季死亡。

流行区在冷季前可普遍驱虫,感染犊牛可随时驱虫。用乙胺嗪(又名海群生),每1千克活重50毫克,配成30%溶液肌内注射,必要时隔数日重复注射2~3次;四咪唑,每1千克活重5毫克,配成10%溶液1次口服。还可用左旋咪唑、丙硫苯咪唑、阿维菌素。采取定期驱虫、加强饲养管理,注意饲料、饮水卫生,对牛粪无害化处理等进行预防。

(八)牦牛胃肠线虫病

本病是由多种线虫混合寄生在牦牛胃肠道内而引起的,是危害牦牛严重的寄生虫病之一。据报道,甘肃省已查出31种线虫。黄凤英调查(1984),云南省香格里拉县受检牦牛430头,每头牛粪便中检出2种以上的线虫卵,共检出9种。

带成虫的牦牛,虫卵随粪便排出后,在外界发育成感染性幼虫,随牦牛采食牧草、饲料及饮水而进入消化道,发育为成虫。仰口线虫的幼虫还可主动穿透牛的皮肤而进入消化道中发育为成虫。在受污染的低湿、有露水或雨后的草地上放牧时,因幼虫大量爬向草叶,牛采食后易感染。感染牦牛由于寄生线虫吸血,引起贫血、眼结膜苍白、消瘦、消化紊乱及拉稀、下颌间隙水肿,被毛粗乱,严重者死亡。

对牦牛普遍进行冬、春季驱虫,有预防冷季乏弱的效果。驱虫药用四咪唑、左旋咪唑、丙硫苯咪唑。

五、牦牛普通病的防治

(一)犊牛肺炎

多发生于2月龄以上的犊牛。由于天气骤变,寒冷、潮湿,带犊母牦牛营养不良,乳量少或哺乳不足,犊牛体弱或感冒而发病。

主要症状为咳嗽、体温升高(40℃~41.5℃),喘气甚至呼吸困难,心力衰竭而死亡。或转为慢性咳嗽,被毛粗乱,生长缓慢。用青霉素或磺胺二甲基嘧啶进行治疗。

(二)犊牛消化不良(腹泻)

又称犊牛胃肠卡他。多发生在出生后 12～15 日龄。发病原因主要是吃初乳不足,母牦牛挤奶过多,犊牛饥饱不匀,天气突变,在潮湿圈地上系留或卧息过久、受凉等。患病犊牛以腹泻为主要特征,粪便呈粥状或水样,颜色为暗黄色,后期多排出乳白色或灰白色的稀便,恶臭。病牛很快消瘦,严重者脱水。据陈文荣等报道(1988),第一组母牦牛日挤奶 2 次,犊牛日拴系 20 小时,71 头犊牛中发病 53 头(占 74.65%);第二组日挤奶 1 次,犊牛随其母放牧 9 小时以上,77 头犊牛中发病 2 头(占 3%)。张显玉报道(1981),病初灌服石蜡油或食油 50～80 毫升,清除肠内的刺激物。消炎药用呋喃类或磺胺类药物,如脱水时可静脉注射 5% 葡萄糖盐水。

(三)犊牛胎粪滞留病

牦牛犊出生后,吃足初乳一般在 24 小时内排出胎粪,如24～48 小时内未排出,则为胎粪滞留。犊牛表现不安,拱背努责,回头望腹,舌干口燥,结膜多呈黄色。在直肠内可掏出黑色浓稠或干结的粪便。可用温肥皂水灌肠,口服食油或石蜡油50～100 毫升。犊牛出生后应尽快吃足初乳,哺食初乳前应将母牦牛乳头中的前几滴奶挤掉,擦拭乳头,然后协助犊牛哺乳(张显玉,1981)。

(四)犊牛脐炎及脐带异常病

脐炎是犊牛出生后,脐带断端感染细菌而发炎。多为卧息时脐带被粪尿、污水浸渍而感染。脐带肿胀甚至流脓,严重时脐带坏死,体温升高。将脐带周围剪毛和消毒,涂 5% 碘酒与松馏油合剂。有脓肿或坏死时,清除坏死组织,用消毒液、双氧水消毒后撒上抗菌消炎药,再用绷带包扎。

据李瑛年报道(1987),1985～1986年在一牧场3～5日龄牦犊牛中,发生脐带异常(当地牧民称为"双脐带")病。1986年发病90头,发病率为24.45%。经病亡及健康牛犊对照剖检,主要病因为脐静脉没有脱离肝脏,造成肝脏撕裂出血过多而死亡。5月份发病较多,犊牛2～3日龄出现症状:主要为卧地不起、呻吟并有时发出叫声,全身发抖,经常摇头,行走时背腰弓起。用手压腹或拉脐部时犊牛表现疼痛,后期呼吸困难,食欲减退。用药物治疗无效,采用脐孔前3～5厘米处腹中线旁,常规消毒,切开皮肤及腹膜,切口2～3厘米,伸入手指沿腹壁就可摸到脐静脉管,用手指轻轻将其拉出腹膜外,将脐静脉两头结扎后从中间剪断,进行缝合,外用碘酒消毒。注意向外拉脐静脉时,不得用力过大,否则会拉裂肝脏造成犊牛死亡。1986年手术治疗率为97.77%。

(五)牦牛有毒牧草中毒症

牦牛误食萌发较早的有毒牧草(毒芹、飞燕草等)而中毒,特别是幼牦牛中毒较多。采食大量毒草后,一般1小时后出现中毒症状,轻者口吐少量白沫,食欲减退;重者低头,行走摇摆,呼吸加快,起卧不安。治疗可用酸奶0.5千克或脱脂乳1千克,食醋0.25～0.5千克(张显玉,1981)。

甘肃省天祝藏族自治县海拔2 500米以上的草原上棘豆草较多,全株无论青、枯黄均有毒性,以盛花期及绿果期毒性最大。天祝县的流行规律为,每年从11月份开始,翌年2～3月份达高峰,5月中旬以后,耐过了的病牛逐渐康复。

棘豆草中毒症状多为神经症状,对外界的刺激反应敏感,易惊恐。出现贫血、消瘦、四肢无力,视力障碍或失明,孕牛流产。病程可持续4～5个月。牦牛中毒症状比马、羊较轻。本病尚无特效疗法，一般采取对症治疗，或灌服酸奶、食醋。

避免在毒草较多的草原上放牧。有条件的地方，可采取铲除毒草或选用化学除草剂除毒草。

（六）牦牛水泡性口炎

本病是由于牦牛采食粗硬、尖锐牧草或采食毒草而引起的。病牛舌面、颊部粘膜及唇部有米粒大小的水泡，继而融合成大豆或核桃大的水泡，内有透明的淡黄色液体，经1天左右水泡破裂，泡皮脱落后留一浅红色烂斑。重者颊部黏膜处的皮肤穿孔。蹄或其他部位未见病变，病程1～3周。1983年青海省尖扎县某地牦牛群发病率为2.77%。1岁以下幼牛未见发病。送检材料化验结果排除了口蹄疫。对病牛采取对症治疗，口腔烂斑用碘甘油（碘7克、碘化钾5克、酒精100毫升，溶解后加入甘油10毫升）涂擦，或撒布冰硼散（冰片15克、硼砂150克、芒硝18克，混研成细面）（王积录，1986）。

（七）牦牛瘤胃积食

又称为急性瘤胃扩张。是由于牦牛采食大量青草或块根（茎）类饲料、吃干草后饮水不足、误食碎布、衣帽、塑料或其他异物等造成幽门堵塞或瘤胃内积食过量、扩张。发病率占成年牦牛的5%左右，幼牦牛发病极少。病牛采食及反刍逐渐减少或停止，粪便减少似驼粪，腹围增大，左肷窝平坦或凸起，触摸瘤胃有充实坚硬感。

为排除瘤胃内容物，可用熟菜籽油（凉）0.5～1千克，或石蜡油0.5～2千克，1次灌服。如不奏效，第二天再服1次。生大黄30～150克，砸碎，加水0.5～2.5千克煮30分钟，待凉后灌服（孕牛慎用）。为提高瘤胃的兴奋性，可用烧酒100～200克加水0.5升或酒石酸锑钾5～10克，溶于大量水中灌服。有条件时，可静脉注射10%～20%高渗氯化钠溶液300～

500毫升。

当臌气不严重时,用一木棒横放于牛口中,使口张开,再用另一木棒轻捣软腭,不断拉舌,配合压迫左肷部,可促进排出气体。伴有明显臌气而呼吸困难时,灌食醋 0.5～1 千克,或白酒 250 克加水 0.5 升,以制酵排气。也可用套管针穿刺瘤胃放气(律旭东,1996)。

(八)牦牛子宫脱出

牦牛子宫脱出在兽医临床上是常见病。用普通牛种的冻精配种,杂种胎儿体大,难以正常分娩,分娩或牵引胎儿时多将子宫连同胎衣脱出。多见经产牦牛或产犊季节体质乏弱的牦牛。患牛体弱,多卧地使脱出子宫拖地,被粪土、草屑等污染,子宫发生淤血,短时间内发炎或坏死。

使患牛前低后高站立,并保定。野外无法保定时,可使患牛侧卧固定于斜坡处,后高前低,后躯铺上干净的塑料布。整复前掏出直肠内的积粪,以免在恢复中排粪污染子宫。用生理盐水彻底冲洗脱出的子宫(水温 40℃左右);经消毒之后剥离附着的胎衣。用 5%的盐酸普鲁卡因注射液 40～50 毫升,洒于脱出的子宫表面,洒后患牛即停止努责。再用拳头顶住子宫的尖端,小心用力推进,将脱出的子宫送回原位。一般不必缝合或固定阴门。术后连续注射青霉素、链霉素 3 天,整复后3～4 小时应有专人护理,禁止病牛卧倒,加强饲养管理 1 周(赵光前,1994)。

(九)牦牛胎衣不下

牦牛胎衣不下者较少。正常分娩时,产出胎儿 12 小时后仍未排出胎衣者,称为胎衣不下。有全部胎衣不下(大部分滞留于子宫,少量垂于阴门外或阴门外不见胎衣)和部分胎衣不下(大部分悬垂于阴门外)。胎衣经 2～3 天就会腐败,从阴门排出红褐色恶臭黏液,引起自体中毒,体温升高,采食停止。初产母牦牛、10岁以上老龄母牦牛,胎儿过大或缺乏钙等矿物质的母牦牛易发病。

发病初可向子宫内灌注抗菌素(青霉素、土霉素),防止腐败,待胎衣自行脱出。梅桑杰(1984)采用高锰酸钾1.7～2克,温水400毫升,配成溶液,1次灌服,经24～41小时胎衣自行脱出。如果治疗无效,应及早请兽医师进行手术剥离。

(十)牦牛创伤

牦牛角细长而尖锐,时有角斗相互抵伤,伤及皮肤、肛门,甚至阴门。驮牛易得鞍伤,也有异物刺伤皮肤、蹄及摔伤等。有未感染的新创伤,也有因牦牛体表覆盖长毛难及时发现而感染的创伤,甚至化脓溃烂等。

新创伤应先剪去其周围的被毛等,用0.1%的高锰酸钾液清洗创面,消毒后撒上消炎粉或青霉素,然后用消毒纱布或药棉盖住伤口。如有出血,撒上外用的止血粉。裂开面大、严重时,应缝合后再包扎。如流血严重时,肌内注射止血敏10～20毫升或维生素 K_3 10～30毫升。

感染的创伤先用消毒纱布将伤口覆盖,剪去周围的被毛,用温肥皂水或来苏儿溶液洗净创围。再用75%酒精或5%碘酒进行消毒。化脓时要排出脓汁,刮去坏死组织,用0.1%高锰酸钾液或3%双氧水将创腔冲洗净,用棉球擦干,撒上消炎粉或去腐生肌散、抗生素药粉。严重化脓感染时请兽医师诊疗。

金盾版图书,科学实用,
通俗易懂,物美价廉,欢迎选购

淡水养鱼高产新技术		河蟹养殖实用技术	4.00元
（第二版）	14.90元	河蟹科学养殖技术	9.00元
池塘养鱼高产技术（修		养蟹新技术	9.00元
订本）	3.20元	养鳖技术	2.40元
池塘鱼虾高产养殖技术	4.50元	养龟技术	6.00元
池塘养鱼新技术	16.00元	工厂化健康养鳖技术	7.00元
池塘养鱼实用技术	6.00元	养龟技术问答	4.50元
池塘养鱼与鱼病防治	4.50元	鳗鱼养殖技术问答	7.00元
盐碱地区养鱼技术	10.50元	鳗鳖虾养殖技术	3.20元
流水养鱼技术	5.00元	鳗鳖虾高效益养殖技术	9.50元
稻田养鱼	2.00元	淡水珍珠培育技术	5.50元
稻田养鱼虾蟹蛙贝技术	8.50元	缢蛏养殖技术	5.50元
网箱养鱼与围栏养鱼	6.00元	福寿螺实用养殖技术	4.00元
海水网箱养鱼	9.00元	水蛭养殖技术	4.50元
海洋贝类养殖新技术	11.00元	中国对虾养殖新技术	4.50元
银鱼移植与捕捞技术	2.50元	淡水虾繁育与养殖技术	6.00元
鲶形目良种鱼养殖技术	7.00元	淡水虾实用养殖技术	5.50元
鱼病防治技术（修订版）	7.00元	金鱼锦鲤热带鱼（第二	
黄鳝高效益养殖技术	4.00元	版）	11.00元
农家养黄鳝100问	3.50元	金鱼（修订版）	8.50元
泥鳅养殖技术（修订版）	3.00元	金鱼养殖技术问答	5.00元
农家高效养泥鳅	4.00元	中国金鱼	14.00元
革胡子鲇养殖技术	3.00元	中国金鱼（修订版）	20.00元
淡水白鲳养殖技术	3.30元	热带鱼	3.50元
罗非鱼养殖技术	3.20元	热带鱼养殖与观赏	7.00元
鲈鱼养殖技术	4.00元	绿毛龟养殖	2.90元
鳜鱼养殖技术	4.00元	牛蛙养殖技术	2.50元
鳜鱼实用养殖技术	3.00元	牛蛙养殖技术（修订版）	5.00元
良种鲫鱼养殖技术	8.50元	美国青蛙养殖技术	3.60元
河蟹养殖技术	3.20元	林蛙养殖技术	3.50元

　　以上图书由全国各地新华书店经销。凡向本社邮购图书者,另加10%邮挂费。书价如有变动,多退少补。邮购地址:北京太平路5号金盾出版社发行部,联系人徐玉珏,邮政编码100036,电话66886188。